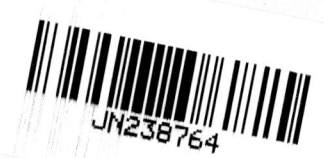

不思議で美しい

空の色彩図鑑

Colors of the Sky

文・写真 武田康男

PHP

はじめに

絵などによく描かれる空は、青い空に白い雲、そして赤い太陽が多い。しかし、空にはもっと様々な色彩があり、地球上に存在するほとんどの色が空にあると言っても過言ではない。何といっても、無限に広がる大きな空が舞台。宇宙にまで続いていく大気には、人間が作ったどんな物よりもスケールの大きな、美しい色彩の現象が存在している。

この本では、様々な空の色彩について分類した上で、それぞれの現象に科学的な解説を加えている。また、それらを実際に観察するためのガイドも載せた。掲載している写真は、すべて意図的な色調整などを行わず、実際に空で見られる色を忠実に再現するよう撮影したものだ。私がこれまで約30年にわたりカメラに収めてきた様々な空の表情から、200点以上の写真を選び紹介している。目を疑うような色彩の現象もあるが、それらはすべて実際に目にしようと思えばできる、不思議で美しい空のアートである。

空の色彩は、光と空気が作用し合い生まれている。青空の青、雲の白、夕焼けの赤、それぞれにその色が生まれた仕組みがあり、天気の不思議がある。

空に見られる色彩のほとんどは、太陽の光が生み出したものである。太陽から核融合反応によって膨大なエネルギーが放出され、広い宇宙空間を通ってそのほんの一部が地球に到達する。地球は、そのエネルギーを主に可視光線として受けている。可視光線は、色が分かれると虹色となり、空に様々な色を作り出す。

たとえば空が青いのは、可視光線のうち、青っぽい光が空気中にたくさん散らばっているからである。朝日や夕日は残った光によって赤みを帯び、こうして青い空と朝焼け・夕焼けができる。もし私たちが大気のない月に降り立ったら、太陽はまぶしく、光が散乱する大気がないために昼間でも空は真っ暗だ。

こうした空の色彩の現象には、全く同じものがない。皆さんがこれまでに目にした虹や夕焼け空を思い出しても、色々な姿があったに違いない。だから、今見ている美しい空の色彩はもう二度と見られないかもしれないと思うべきだ。空は何度見ても飽きず、新たなドラマチックな展開がある。

この本がきっかけで、皆さんがこれからの人生の中で空の色彩を大いに楽しんでもらえれば幸いである。

そして、この本を作るにあたってPHP研究所生活教養出版部の大岩央さんには大変お世話になった。お礼申し上げたい。

武田康男

不思議で美しい
空の色彩図鑑

目次

第1章 太陽と空の色

第2章 空の虹色

第3章 雲の色

第4章 月と星空の色

第5章 大気が作る色

装丁――――川上成夫
本文デザイン――――スタジオCGS（鈴木美緒・羽多野響子）
DTP――――宮澤来美（PHPエディターズ・グループ）
編集――――大岩 央（PHP研究所）

第1章
太陽と空の色

おお、聖なる処女よ！
真っ白い衣《ころも》をまとい、
大空の黄金の門を開けて、出《い》でよ。
空で眠っている暁を目覚めさせよ。
東の空から光を昇らせ、
持ってこさせよ、
目覚める朝にやって来る甘い露を。
おお、輝ける朝よ、狩りにいく
猟師のように起こされて、
太陽に挨拶《あいさつ》し、半長靴《バスキン》を履いた
脚でわれらの丘に現われよ。

——ウィリアム・ブレイク
『詩的素描』より「朝に」（松島正一訳）

すべての色の源、太陽の光

地球上の光や色の大部分は、太陽の輝きによって作られている。太陽の光のほとんどは、人間の目に見える可視光線であり、その中には、赤から紫までの様々な色が混じっている。

太陽の光は宇宙を通り地球に到達すると、地球のまわりの透明な空気を通過する。そのとき、太陽の光は空気の分子によって散乱し、それによって空には様々な色が見られるようになる。

青空や赤い太陽、夕焼け空が生まれるのは、すべて太陽の光と空気によるものである。

そして空の色は、地域や季節によって変化する。

また、地球にはたくさんの水が存在している。広大な海が広がり、川や湖があり、空には水滴の集まりである雲が浮かんでいる。太陽の光が水に作用することで、美しい現象が生まれる。雲が白く輝いたり、光線が出来たり、水面が煌いたりする。

それゆえに、皆既日食によって太陽の光が一時的に消えたりすると、人々は畏れ戸惑う。私たちの命の営みは、太陽の光によってできているのである。

真っ白な輝き

昼間の太陽

白◯

昼間の太陽は、真っ白に輝いて見える。でも、子どもがスケッチブックに描く太陽は大抵赤い。

天文学的に言うと、太陽自体は表面温度が5500℃あるため黄色に見えるはずである。試しに強い減光フィルターを通して太陽を撮影すると、やはり薄い黄色に写る。

太陽の光は7つの色からできている。しかし、人間の目には眩しい昼間の太陽は白く見える。なぜだろうか。それは、光を出す色がさまざまに合わさると、白色に見えるからである。テレビの画面で青、緑、赤の発光体がすべて光って白く見えるのと似ている。見た目通りに、青空に太陽を描くとしたら、白色か少し黄色がよいだろう。

観察のヒント

◉見られる時　よく晴れて乾燥した日中、通年

◉見やすい場所　空が開けて太陽の光があたる場所

◉観察ポイント　太陽は眩しいので、直接見てはいけない。周囲の光から白い色を感じる。

◉太陽光と地球の生物

もし、太陽の表面温度が現在と違っていたらどうだろう。温度の低い赤っぽい星は赤外線を、温度の高い青っぽい星は紫外線を多く出す。人間の目や体では対応できないため、地球上には違う生き物が進化したことだろう。

ただ、日本人は、昼間の太陽を赤っぽく書いてしまう習慣が残っている。実は古代の日本では、色は「白・黒・赤・青」の4色だったようだ。そこに黄色はなかった。ちなみに、高松塚古墳の四方に書かれていた四神《しじん》の色も朱雀《すざく》(赤)、白虎《びやつこ》(白)、青龍《せいりゆう》(青)、玄《げん》武《ぶ》(黒)であり、この4色と一致している。翻って、海外では太陽は黄色で描くようである。

地球に存在する光の中でも、最も基本となる太陽の光なのに、こうして色で表そうとすると混乱してしまう。空の色を語るのは、実はとても難しい。

4月／東京都／雲に入って見えた太陽の色は、やはり白色である。

9月／群馬県／地上のすべてを明るく照らす太陽は、白く輝いている。

9月／栃木県／霧の中に見える太陽は眩しくない白色である。

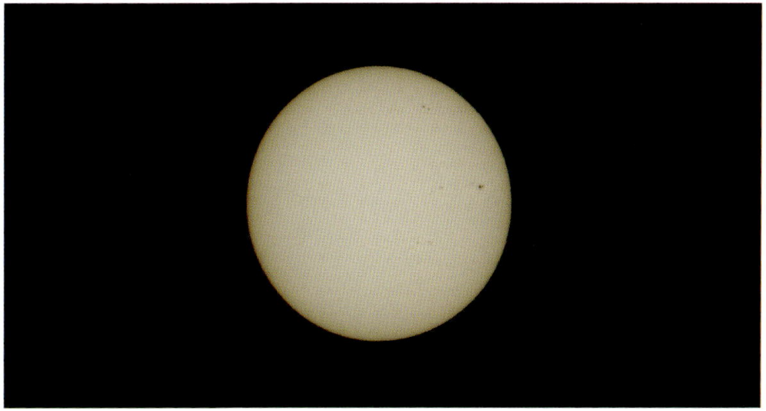

5月／千葉県／天体望遠鏡に減光フィルターを付けて観察した。淡い黄色だ。

「真っ赤な太陽」と出合うためには

赤い太陽

紅緋《べにひ》

映画に登場するような「真っ赤な太陽」はどうしたら見られるのだろうか。朝日や夕日は橙《だいだい》色が多い。朝と夕方は太陽の高度が低いため、太陽の光は地球の大気の中を長距離にわたり通過する。通過の過程で、波長の短い色（紫、藍、青色など）は空に散乱してなくなってしまい、残った光は赤みを帯びるのである。

太陽が通常の橙色ではなく「真っ赤」に見えるためには、加えて濁った空気が必要になる。空気が濁る原因としては、もや（空気中に小さな水滴が漂い、霧が薄くなったような状態）や煙（工場や草木の燃焼によるもの、煙霧ともいう）、ホコリなどが考えられ、最近はPM2.5などによる大気汚染も要因となっている。日の出や日の入りなど、太陽の高さが低いときは、そうした濁った空気の影響を強く受け、太陽の輝きは弱くなり、赤みが強くなる。また夕方には、昼間に出た排気ガスやホコリが多く漂い、空気はより濁りやすくなる（ただし空気が濁り過ぎたときには、夕日は暗くなって、見えなくなってしまうこともある）。つまり朝日よりも夕日の方が太陽の色は赤くなるというわけだ。

空気中に水蒸気が多く、煙やチリ・ホコリなどが漂いやすい日本は、眩しくない真っ赤な太陽を見られることが多い国である。できるだけ地平線や水平線付近まで見える場所で、赤い太陽を探したい。

観察のヒント

◉**見られる時**　晴れて太陽の輝きが弱いとき、通年

◉**見やすい場所**　地平線や水平線近くが見える場所

◉**観察ポイント**　遠くまで雲がないときに、日の出の直後や日の入り直前に見る。

◉火星の夕日の色は？

「火星の夕日は青い」という探査機からの撮影報告がある。火星の大気は赤系の色を散乱するため、残った太陽の光が青っぽく見えるということである。これについては、複数の記録から、さらなる検証が必要だと思う。

10月／大阪府／風が弱く、空気がよどんで水蒸気や煙などが多い夕方に。

茨城県／空気が湿って、水滴がたくさん浮かんだ朝、まぶしくない赤い朝日が地平線から昇ってきた。

8月／石川県／青っぽい空に赤い夕日が印象的。水平線に入る前に消えた。

3月／兵庫県／大気汚染によって赤い太陽が見られた。

一度は見てみたい緑閃光

グリーンフラッシュ

緑

　太陽の光が一瞬、緑色に輝くことがある。グリーンフラッシュだ。これは「緑閃光《りょくせんこう》」ともいい、太陽が完全に沈む直前や、昇る瞬間に、緑色の輝きがわずかな時間だけ見える現象である。見た人は幸せになるという伝説の光だ。鮮やかな緑色に見えたときには、美しさに感動するとともに、驚きも交錯する。

　グリーンフラッシュは水平線に沈む夕日で観察できるチャンスが多いが、日の出でも見ることができ、山の上から狙うこともできる。また飛行機に乗って、空高いところから見ると、遭遇する確率が高くなる。

　地平線近くの太陽の光は、地球の大気によってプリズムのように屈折して、上部に波長の短い色（紫、青、緑色など）がわずかに分離している。大気中で紫や青色は散乱してなくなってしまうので、見た目には、緑色が上に残っている。その緑色が輝いて見えるのだ。

　空気がとても澄んでいる南極では、緑色とともに「青色」や「紫色」のフラッシュも見られた。また、太陽はなかなか沈まずに、ほとんど横に移動するので、グリーンフラッシュが見られる時間も長かった。空気の澄んだ日に、水平線や地平線での日の出入りに注目してみよう。双眼鏡や望遠鏡を使えば、月の出入りでもグリーンフラッシュを見ることができるだろう。

観察のヒント

◉**見られる時** 晴れて空が澄んでいるとき、秋冬など

◉**見やすい場所** 地平線や水平線が見える場所

◉**観察ポイント** 日の出は出る瞬間を、日の入りは消える瞬間を、注意深く観察する。

◉金星も緑色に

明けの明星（または宵の明星）の金星を天体望遠鏡で見ると、輝く金星の上の方が青く、下の方が赤く見える。これが地球大気による色分かれだ。金星が低空に移動すると青色はなくなって緑色になり、グリーンフラッシュをつくる。

1月／千葉県／富士山頂付近に太陽が沈んだ後、山頂部に残った光が緑色に。

9月／飛行機から／高度1万m付近のジェット機から、夕日の上に緑色の輝きが分かれて見えた。

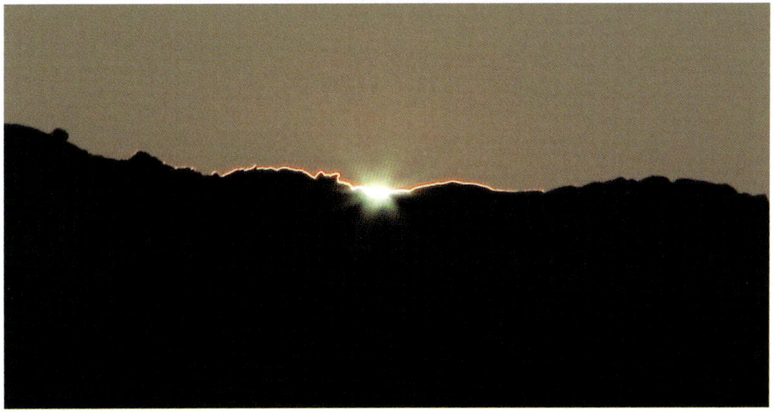

1月／南極／白夜が終わる頃、遠くの丘に隠れる太陽が、最後に緑色に輝いた。

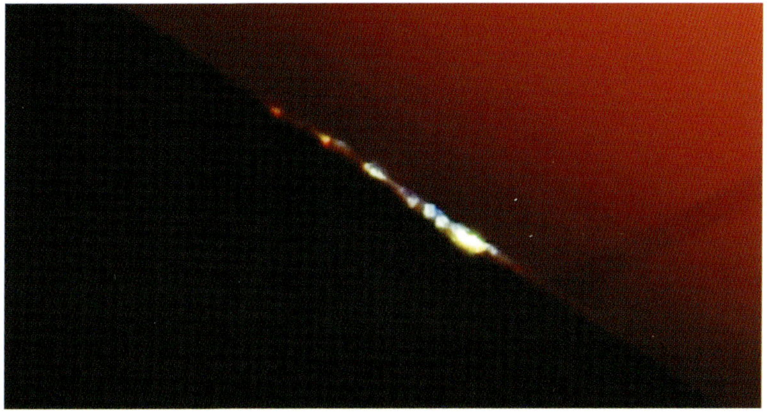

1月／千葉県／富士山の斜面に太陽が消えるとき、たくさんの色が見えた。

太陽に導かれる黄金の道

太陽の道

黄金《こがね》

　晴れた日の朝や夕方、水辺に佇むと、太陽の美しい光が水面に映り、だんだんと自分に向かってくる。それも金色のすばらしい輝きで。水面に映る太陽の細長い反射光は、太陽の道（サンロード）と呼ばれる。水面に低い角度で当たる光は、反射する面が続いて、細長く伸びて見える。さらに、広大な海などでは地球の丸さも関係して、遠くまで光の道が伸びやすい。

　光の道の幅は波の状態で異なり、静かな水面では太陽と同じ幅だが、波が出てくるとだんだん幅が広くなっていく。そして、ひどく荒れた水面では光の道が見えなくなる。

　太陽そのものは、まぶしい黄色や黄橙色だが、太陽の道は純金の輝きだ。観察するときは、水面を見下ろすような場所がいい。波のない沼や湖は見やすいが、やや波のある海は、少し高台から観察すると、美しい太陽の道を見ることができる。ただし、明るい光の道を見るときは、サングラスなどで目を守ることが必要である。

観察のヒント

◉**見られる時**　日の出後か日の入り前、通年

◉**見やすい場所**　海、湖沼、川などの水辺

◉**観察ポイント**　太陽が水面の方向にあること。風のない日がよい。見る高さも重要。

◉太陽の道が意味するもの

太陽の道は、東西の向き（春分や秋分の日の出入りの向き）に宗教施設が並んでいることをいうときにも用いられた。海外では、古代遺跡や宗教的な建築物が直線状に並ぶことを称した「レイライン」という言葉がある。

12月／茨城県／太平洋に大きく広がる輝きは奥行きがあって色が変わっていく。

5月／千葉県／東雲《しののめ》色の空と、沼の上の黄色い輝きが美しかった。

8月／千葉県／夕空の太陽が、水面に金色の輝きとなって伸びていた。

3月／南極／雪の結晶が舞っているとき、空に太陽柱《たいようちゆう》となって伸びていく。

澄んだ大気が作る虹色の夜明け

夜明け

虹色

夜明けの空にはさまざまな色が見られる。空が一番美しく輝く瞬間である。

夜明けの空の色は、1日の中で一番透き通っている。その色彩は、場所や季節、その日の天候によって随分違い、刻々と変化していく。

暗い夜が終わって東の空が明るくなっていく様子を「空が白んできた」と表現することがあるだろう。実は、空に色がついてきているのだが、残念ながらそれは人の目には白っぽく映る。まだ暗いので、人の目で色を認識することができないのだ。

そして、いよいよ明るくなってくると、様々な色彩を感じられるようになる。日の出の50分位前になると、上から瑠璃色、青色、黄緑色、黄色、橙色、赤色などの色が見えるようになる。色の順番は虹と似ていて、地平線上に巨大な虹があるようにも感じられる。

こういった夜明けの美しさも、人間の目が慣れてしまうと、いつの間にか普通の色に感じてしまうのが不思議だ。そんなときは、顔を横にして見てみることをお薦めする。あまりにも簡単なことだが、目に映る夜明けの景色が変化し、再び美しさに感動することができるだろう。東に背を向け、腰を曲げて股の間から見てみても面白い。毎日繰り広げられる空のショーを、様々に工夫して楽しもう。

観察のヒント

◉**見られる時** 気温が低く空気が澄んだ朝、秋冬など

◉**見やすい場所** 東の空が暗くてよく見える場所

◉**観察ポイント** 日の出40~50分程度前から、晴れた東の空の色が鮮やかに染まる。

◉夜明けを表す日本語

暁《あかつき》、曙《あけぼの》、有明《ありあけ》など、夜明けに関する言葉は多く存在する。反対語の日暮れと比べると、気分まで違ってしまうのが不思議である。夜の明かりのない時代、人々は夜明けの光を待っていたことだろう。

9月／茨城県／水平線の上の赤みを帯びた黄色の輝きが鮮やかだった。

7月／富士山／富士山7合目は空気が薄く、澄んでいて、赤紫色が印象的である。

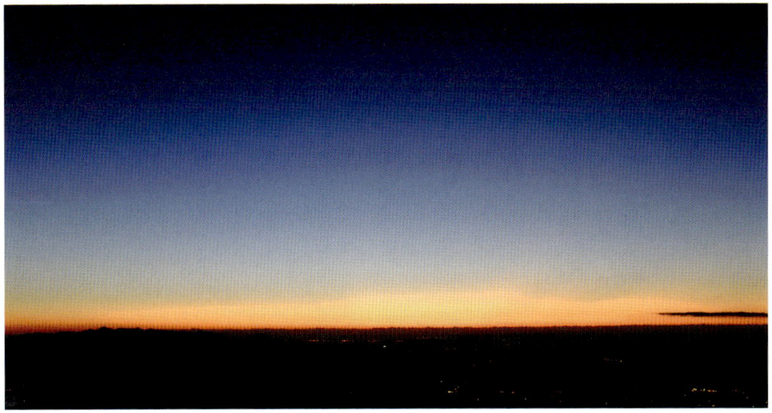

9月／富士山／昼間の青空よりも、濃い青で透明感がある。瑠璃色に近い。

1月／茨城県／水平線上の雲の上が赤く、その上にやや緑がかった色が見えた。

空はなぜ青く見えるのか

青空

空色

やはり空の色は、透明感のある青色が一番である。晴れて、果てしなく青空が続いているときは気持ちがいい。

空には、実際には、赤色や橙色、黄色、緑色など、様々な色が存在する。しかし、私たちは昼間の空を青いと感じる。それは、日中は、青っぽい光が一番多く目に届くからだ。

空気中の分子は、光の波長によって散乱する量が異なり、太陽からやってきた波長の短い光（紫、藍、青色など）は、波長の長い光（赤、橙、黄色など）よりもたくさん散乱する。そのため、空には青っぽい光がたくさん散らばっていて、紫色などは地上まで達せず、地上には青色が多くやってくる。もし、仮に地球に空気がもっとたくさんあったら、青色の光の散乱も少なくなり、昼間の空の色は、黄色や橙色になっていたのかもしれない。

また、空気中の水蒸気、チリやホコリは、様々な色の光を散乱させ空の色を白くしてしまうことがある。春の空が白っぽく霞んでいるのはそのためだ。反対に冬晴れのように、乾燥して澄んだ空ほど、深い青色となる。さらに、チリやホコリが少ない高い山の上で見る空も、紺に近い美しい青だ。

そして、空が最も青いのは、太陽の近くや地平線近くではない。高い空で、太陽から離れたところだ。記念写真や記録写真を撮る場合、その位置を背景にすると、空の青さが際立つ。

しかし、どこよりも地球上で一番空が青いのは、夏の極地ではないだろうか。私も南極でとても美しい青空を体験した。

観察のヒント

◉見られる時 空気が乾燥した、秋冬など

◉見やすい場所 空が広く見渡せる場所

◉観察ポイント 太陽を横に見た、高い空が最も青く見える。

◉空は透明な青いベール

空気の青色は透き通っているため、背後の色と重なる。そのため、晴れた日には遠くの緑色の山は青緑に見え、遠くの船やビルは青黒く見える。宇宙から見た地球は、この空の青いベールに包まれている。

12月／東京都／都会のビル街から見上げた青空。冬は結構青い。

10月／長野県／空気の澄んだ山は青空が美しい。そして紅葉が映える。

5月／千葉県／太陽の近くは白っぽくなる。太陽から離れた場所の青が濃い。

4月／東京都／東京は低空の青さが弱いが、高い空にはしっかり青色が見られた。

光の帯は別名「天使の梯子」

光芒《こうぼう》

山吹色

光芒は輝くカーテンのようである。

光芒は、雲の間などから、太陽や月の光が漏れて光線となり、空に広がっていく現象である。太陽の位置が空高ければ、光線は地上に向かって伸びる。幻想的な様子は「天使の梯子」と呼ばれることもある。一方、太陽が空の低い位置にあれば、光線は空を上がっていき、反対の地平線まで伸びることもある。

太陽からの光線が平行ではなく、扇形に広がって見えるのは、遠近効果が関係している。鉄道の線路を見るときに、遠くの方は幅が狭いのに、近くにある線路は幅が広がって見えることがしばしばあるだろう。それと同じように、目の錯覚で、光芒も太陽から扇形に広がっているように見えるのだ。

これらの光芒の色は、太陽の光の色だ。朝や夕方は光芒も朝日や夕日に似た色になる。そのため、様々な色の光芒ができる。

また、光芒が近づいてくると、周囲が急に明るくなる。海の上では、光芒が当たったところの海面がキラキラと輝く。山では、そこだけ木々の緑が鮮やかになる。光芒は、太陽や雲が動くにつれ、少しずつ形を変えていく。光芒の形や色は、バリエーションがとても多い。同じ形はないので、写真に記録を残していくと楽しくなる。光芒は日本のような湿気のある空に起こりやすい。もやのある空や、霧が晴れていくときに、太陽が出ていれば光芒がよく見られる。春から夏の日中や、夏から秋の朝などが狙い目である。

観察のヒント

◉**見られる時** 空がもやもやしているときの晴れ間、通年

◉**見やすい場所** 太陽のある方角を見る。太陽の上や下に出る

◉**観察ポイント** 太陽が雲などに隠れたときがチャンス。霧が出たときも狙い目。

◉**こんな場所にも光芒が**

太陽のまわりに光線が広がる「旭日《きょくじつ》旗《き》」は、光芒とも関係があるだろう。光線が四方八方に広がるのはめでたい意味で、赤と白は縁起物となっている。軍旗などにも使われたが、企業、大漁旗やスポーツなどでも見られる。

12月／沖縄県／穏やかな海の上、雲のすき間から夕日の光芒が下りてきた。

5月／富山県／日の出の直前、雲間から朝日の光芒が空に向かって漏れた。

10月／長野県／霧が晴れるとき、樹木の間から放射状に白い光芒が広がった。

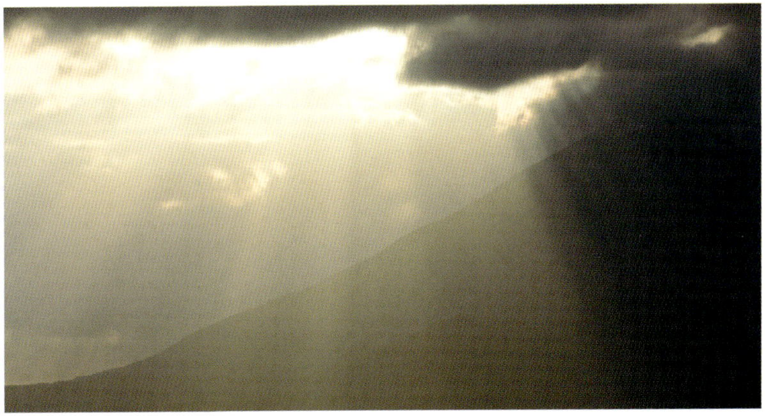

9月／鹿児島県／桜島では火山灰が飛んで光芒ができやすい。

ひとときの青色だけの世界

ブルーモーメント

瑠《る》璃《り》色

ブルーモーメントという言葉を知っているだろうか。日の出前や日没後に、辺り一面が、濃い青い光に包まれる時間帯である。空が澄んでいるときほど、この深みのある青色は透明感があって幻想的だ。緯度が高い北欧などでは、ブルーモーメントを見られる時間が長いが、日本は中緯度に位置するため、ブルーモーメントの時間は、日の出前や日没後の10分程度しかない。また、街灯の光が多い都会では気づきにくく、空気が濁っていたり、曇っていたりすると見ることができない。

ブルーモーメントは、光がとても弱いため、薄暗さによく目を慣らしてから観察したい。日没20分後位から空が暗くなったように感じ、色合いも鮮やかな群青色から瑠璃色へと変化する。ブルーモーメントを見るには、空気が澄んでよく晴れた日がよく、秋の夕方などがお薦めだ。

以前、私が観測隊として参加した南極・昭和基地では、素晴らしいブルーモーメントを体験することができた。雪と氷にも空の色が映り、辺り一面が濃い青色に染まった。空も、雪面も、建物も、人の顔もみんな青みがかる。空も地上も瑠璃色一色に染まる様は、言葉にならない美しさである。

また、ブルーモーメントの直前や直後には、空にピンク色のビーナスの帯（ビーナスベルト）が見られることがある。ブルーモーメントと一緒に楽しみたい。

観察のヒント

◉**見られる時** 晴れて乾燥した日、秋冬など

◉**見やすい場所** まわりに明るい街灯がないところ

◉**観察ポイント** 暗い場所がよいが、建物の間などからも色がわかりやすい。

◉ブルーモーメントとオーロラ

北欧やアラスカ、カナダなどでは、ブルーモーメントの時間にオーロラが見えることがある。ブルーの空の色が重なって、緑色のオーロラは青緑色に、赤いオーロラは紫色になる。また、低空の橙色の月は赤紫色になる。

10月／秋田県／ブルーの夜明けに鳥海山がシルエットになって浮かんだ。

3月／山梨県／ブルーモーメント時の白い富士山は幻想的だ。

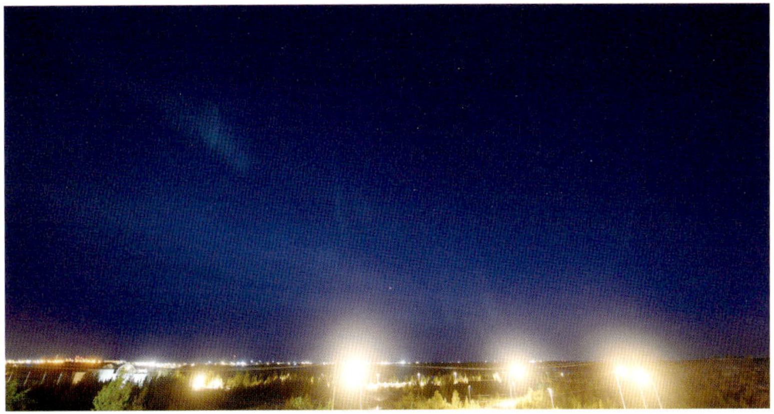

9月／カナダ／ブルーモーメントは緯度が高いほど、時間が長い。空の上が濃い。

5月／南極／南極の雪と氷に空の濃い青色が映った。

夜の冷気が作る澄んだ色の朝空

朝の空

蜜柑《みかん》色

朝は夕方と違って、空気が澄んでいるため、空が透き通っているような印象を受ける。そのため、空がより美しいと感じることが多いのではないだろうか。

空の色は、夕方はどちらかといえば橙色が強いのに対して、朝は黄橙色と、黄色系が強い印象だ。

朝の空気がより澄んでいるのはなぜか。それは、空気中の水蒸気の量が少ないからだ。朝は夕方よりも気温が低く、空気中に含まれる水蒸気の量も少ない。冷え込んだ朝に露や霜をよく見るのは、空気中の水蒸気が夜の間に冷やされて、地面に降りてきているからだ。さらに、日中に風で舞い上がったチリやホコリが夜間は地面に落ち、人間が出す煙や排気ガスも少ない。そんなことも、朝の空が澄んでいる理由のひとつだ。

夜明けの瞬間、朝日が出てくると、急速に辺りが明るくなる。体に日光の温かさを感じる不思議な瞬間である。そして、少しずつ、空の色は変化していき、時間が経つにつれて、昼間の青空の色になっていく。空の観察にとっても、早起きは三文の得だ。

平地、海辺、山、それぞれで朝日の当たり方は異なり、空の色も異なる。また、季節によってもかなり変わるので、晴れた日の朝には、ぜひ空を見上げて違いを楽しみたい。

観察のヒント

◉見られる時　乾燥した快晴の朝、秋冬など

◉見やすい場所　東の空がよく見える場所

◉観察ポイント　日の出の時刻は毎日変わるので確認すること。空が映る水辺もよい。

◉季節で変わる日の出時刻

夏の日の出は午前４時半頃、冬の日の出は午前７時頃（東京付近）。毎日７時頃に起きる人は夏の日の出は知らないかもしれない。一年中、朝の空を見たい人は、自らサマータイムを採用したい。極地では朝の光景がないことも。

11月／千葉県／カラッと晴れた朝、朝日で空が黄橙色に染まった。

12月／茨城県／寒々とした冬の朝、朝日が地平線から昇ってきて、空が橙色や黄橙色になった。

なぜ夕焼けは朝焼けより赤いのか

夕焼け

柿色

夕方ほど、空の色が印象的な時間はない。色は毎日違い、分単位でも、どんどんと変わっていく。そして、季節や場所、気象条件によって色合いが異なる。

夕焼けは、太陽が沈む前から始まることもあり、雲のある場合とない場合でも、印象は随分と違う。

雲ひとつない空を、夕日が鮮やかに染め上げていく様は美しい。空は、低いところほど、空気の分子がたくさん詰まっていて、チリなども多いため、光の赤みが強くなる。そのため、夕焼けは、空高いところから地平線に向かって、黄色、橙色、黄赤色へと赤みを帯びていく。

そして、空に水蒸気が多く、もやっているときは、空全体が均一に色づく。水の粒が太陽の光をそのまま反射するためである。このとき、排気ガスなど、大気汚染による汚れた色が混じると、暗い色の空になることが多い。

見晴らしのよい平地や海岸で見る夕焼けは、地平線や水平線の辺りが真っ赤に染まることが多い。田舎と都会でも、夕焼けの色は違う。こうした、場所によっても異なる色合いを楽しみたい。

また、夕日が当たって反射する高い雲があると、さらに美しい夕焼けになりやすい。沈んだ夕日の光が雲に届き、雲が赤橙色に染まる様は印象的で、夕焼け雲の存在も夕焼けにとって重要である。

観察のヒント

◉**見られる時** 晴れた空、雨上がりなど、通年

◉**見やすい場所** 西の空が見える場所、高台がよい

◉**観察ポイント** 夕日でもやが色づくときもあるが、たいていは日没後から20分間。

◉夕焼け空と夕焼け雲

夕焼けには、「夕焼け空（西の空が赤くなった状態）」と「夕焼け雲（雲が赤く染まった状態）」があるが、厳密な使い分けはしないことが多い。空全体に広がるのは夕焼け雲だ。台風一過の夕焼け雲は圧巻である。

11月／千葉県／木枯らしが吹く乾いた空。少しもやがあって黄色から橙色へ。

9月／山形県／秋の空気が澄んだ日没直後、高い雲が橙色や黄赤色に染まった。

1月／東京都／超高層ビルの屋上から眺めた東京の夕景。もやが橙黄色に。

10月／山形県／山の上から見た夕焼け空。

地球で最も透き通った色

飛行機から見た朝焼け・夕焼け

虹色

こんなに澄んで美しい空があるのかと、飛行機から空を見て驚いた。地上で見るよりも、ずっと色がきれいで透き通っている。紺色の下の鮮やかな橙色がとても印象的だ。

それもそのはず、高度1万メートルを飛行するジェット機から見る空には、排気ガスやチリ、ホコリがほとんどない。空気がつくる本来の色が見られるのだ。

とはいえ、空気は透明なので色がない。しかし、太陽の光が当たると、空気によって散乱が起こり、青っぽい色が多く散らばる。また、太陽が傾くと、空気の中を長く通るようになり、さまざまな色が空に散らばるようになる。

眩しい太陽が沈んだあとにも、高い空には太陽の光がまだ当たっていて、巨大な虹のようなたくさんの色の輝きが、地平線の上に広がっている。夜が明けるときには、地平線の上に鮮やかな色の輝きが現れてくる。星がだんだん消えていき、雲が幻想的な色に染まっていく。

こうした空からの朝焼け・夕焼けの楽しさを、皆さんにも是非知ってもらいたいと思う。ただし、機内が明るくて見るのが難しいことがある。そうしたときは毛布をかぶるとよい。しばらくして目が慣れてくると、よく見えるようになる。

この空の色は、地域や季節によって違っている。また、地球の自転により、東に向かう飛行機ではすぐに色が変わり、西に向かう飛行機からはゆっくりと変わっていく様が見られる。

観察のヒント

◉見られる時　朝夕を飛ぶ飛行機、通年

◉見やすい場所　朝焼け・夕焼けの見える座席

◉観察ポイント　時刻を確認し、日の出前、日の入り後の空を窓から見る。

◉宇宙に近い場所

高度1万メートルまで上ると、空気の7、8割が眼下にあり、上空には残り2、3割しかなく宇宙空間に近い。宇宙旅行はさらに10倍の100km、流星やオーロラの高さで、空気はほとんどなくなる。どんな光景だろう。

12月／飛行機から／モンゴル行の飛行機は空がきれいだ(夕焼け)。

7月／飛行機から／ハワイ行の飛行機は、空の色にも温かみを感じる（朝焼け）。

空に映る地球の影色

地球影《ちきゆうえい》

群青《ぐんじよう》色●

空が割れたかと思うような、怖さを感じるかもしれない。

地球影は、日の出の直前、あるいは日没の直後に、太陽とは反対の空に見られる。その名前の通り、地球の影が空に映ったものだ。空気の澄んだ日に注意して見ると、結構わかる。

日が沈んだあとも、空に夕焼けを見ることができるのは、地球が丸いために、太陽の光が引き続き空に届くからだ。そして、太陽が沈んでいった空と反対の空には、地球の影が上ってくる。影というと、黒色を想像するかもしれないが、濃い青色である。それは、上空の青い散乱光が影にも届き、青みがかった色になるからだ。空の上の方とは、明るさや色が違う。

また、地球影のすぐ上には、赤紫色の明るい光の帯が見える。これは「ビーナスの帯」といい、太陽の光が成層圏などの高い空に当たり、赤紫色の散乱光となることでできる。

地球影が、地平線から上り、頭の真上に達する頃には、夕方から夜になる。しかし、すぐに完全には真っ暗にならない。高度数百kmまでごく薄い大気があって、そこに太陽の光が当たり、人工衛星が輝いている。

飛行機からの地球影は、よりはっきりとよく見える。高度1万メートルの高さにいるとき、空気の7、8割が下にあり、地球影はより暗い色に見えて、紺色の帯が不気味に感じることがある。

観察のヒント

◉見られる時 日の出前か日の入り後、秋冬など

◉見やすい場所 朝は西、夕は東の空が見える場所

◉観察ポイント 空が澄んだ日、だんだん変わる地平線近くの色の変化を見る。

◉皆既日食と地球影

地球の影は、このまま宇宙空間にも伸びていき、38万km離れた月のあたりでは、地球の大きさの3倍の円形になる。そこに満月が入ると皆既月食だ。皆既月食中の満月は、この影の中に入り暗い赤銅色になる。

12月／東京都／東京都心でも、冬の澄んだ夕暮れなどに地球影が見られる。

8月／ハワイ／3000mの山の上から見た地球影は、透明感ある色だった。

1月／飛行機から／高度5000mの飛行機からの地球影は、とても濃かった。

3月／飛行機から／夜明けに暗い地球の影がくさび状に伸びていた。

地上に降りてきた青空

水に映る空

瑠璃色

水面が、鏡のように空を反射するのは、真上からでなく少し斜めから覗いたときだ。しかし、見えるのは空そのままの色ではなく、青色がより一層美しくなっているものだから、面白い。

観察するときは、移動性高気圧に覆われた風のない日や、朝の穏やかな時間帯を選ぶといい。海や川では、なるべく波の穏やかな場所がいい。

海に波のないことは珍しいが、沖縄では沖合のサンゴ礁によって波が消され、サンゴ礁の内側には穏やかな海面が広がることがある。赤道近くの太平洋でも鏡のような海面がある。

水面の色や輝きは刻々と変わっていく。日本各地にある五色沼は、そうした水面の色の変化から名づけられたものが多い。

観察のヒント

◉**見られる時** 風がなく、水面が揺れないとき

◉**見やすい場所** 水辺か、高い場所から見下ろす

◉**観察ポイント** 小さな湖沼の方が波は立ちにくいが、大きな湖沼や海は迫力がある。

◉青空と逃げ水

夏に見られる「逃げ水」は、道路に上空の青空が映り、まるで水たまりがあるように見える現象だ。熱い砂漠にも、水色の空が砂の上に映りオアシスのように見えることがある。これらは「下位蜃気楼」といわれる現象である。

11月／東京都／東京の青空も、こうして川に映ると美しい。

8月／栃木県／大きな湖では波が立ちやすいので、こうして青空が全面に映るのは珍しい。

ダイヤモンドリングが美しい

皆既日食

白金色《プラチナ》

皆既日食は、数ある天体ショーの中でも一番の大イベントだ。白昼に急に太陽の輝きが消えて、辺りが暗くなる。そのとき頭上には、ダイヤモンドのような小さな太陽の輝きや、流れるような美しいコロナが見られる。これらの輝きは、白色というよりも白金色に見える。

皆既日食は、ある特定の場所1箇所に限ると、300〜400年に一度程度しか起こらない。日本では、次は2035年だ。しかし、実は地球のどこかでは、毎年のように金環日食か皆既日食が起こっている。時間とお金があれば一生のうちに何度も見られる。皆既日食の空を見る感動を一度味わった人は、いわゆる「日食病」にかかり、何度でも見に行きたいと思ってしまう。

写真ではわかりにくいが、皆既日食のときには、他にも面白い現象を見ることができる。完全に月に隠れた太陽のまわりには、ピンク色のプロミネンス（紅炎）がきれいに見られる。コロナは流線となって、写真よりもずっと大きく広がる（双眼鏡で見るとさらに美しい）。月の影が空に大きく広がって見えることもある。また、ダイヤモンドリングの小さな光が瞬くとき、地上に不思議な模様ができることがある。

周囲の見晴らしがよいところでは、遠くには太陽の光が当たっているため、360度夕焼けのような黄色や橙色の空が広がる。皆既日食は、わずか数分間の天体ショーだが、実に様々な珍しい現象を見ることができる。

観察のヒント

◉見られる時　次に日本で起こるのは2035年９月２日

◉見やすい場所　空を広く見渡せる場所

◉観察ポイント　ダイヤモンドリングが圧巻で、皆既中は360度夕焼けのようになる。

◉古事記と日食

古事記に登場する「天照大《あまてらすおお》御神《みかみ》の岩戸隠れ」は皆既日食ではないかと言われている。太陽神・天照大御神が天の岩戸に隠れると、世の中が真っ暗になって悪いことが次々起こったが、岩戸が開くと再び明るくなったという神話だ。

3月／エジプト／皆既日食では、月に隠れた太陽のまわりにコロナが広がる。

3月／エジプト／皆既日食中、頭上の空は暗くなり惑星も見える。周囲は360度夕焼けのよう。

10月／タイ／皆既日食の直前と直後の、ダイヤモンドリングの瞬間。

5月／長野県／月が見かけ上小さいときは、太陽がリング状に輝く。

Column

南極の空の色

南極の空は、地球上で一番美しい。人間による汚染もなく、砂漠から砂が飛んでくることもなく、花粉などもない。

そんな南極では、青空の色がすばらしい。気温が低く、空気中の水蒸気が少なくなっているため、透明な空気だけが澄んだ青空をつくっている。そのため太陽が眩しく、日中には必ずサングラスが必要である。

そして夜明けには、日本では見られない色が現れる。紺色の空の下に紫色や赤紫色が現れ、橙色や黄色へと変化していく。朝の紫色の空は、特に感動的である。低い空の空気が澄んでいるので、高い空の空気の色がよくわかるのである。

また、夕方に高い雲があると、日本よりも長い時間夕焼け雲となる。その色は鮮やかな薔薇色、橙色、黄色と移り変わる。それらの色が氷にも映るので、辺りが不思議な光景となる。

日没後は、曇りの夜は暗黒の闇の世界である。しかし、晴れていると、星明かり以外にも、月の光、大気が出す光、オーロラの光など、いろいろな光が空を埋め尽くす。

この他にも、ダイヤモンドダストの輝きや、雪と氷の不思議な造形、ペンギンの生き生きとした姿など、南極での思い出は尽きない。近年では、旅行会社による南極半島のツアーもあるようだ。なかなか行くことができない場所であるが、南極の空の美しさは、是非知って欲しい。

9月／南極／南極・昭和基地での一番の空の楽しみはオーロラである。こうして、遠くから揺れ動くような光がやってくる。

上／10月／南極／汚れのない澄んだ青空である。太陽の光の中の青っぽい色（波長の短い色）が、空気の分子によって散乱しているからである。空気がきれいだと、雪や氷も汚れることがない。

左／11月／南極／太陽がとてもまぶしい。
右／11月／南極／ダイヤモンドダストが空を舞い、そこに太陽の光が屈折して、色のついた輝きが見られた。

上／5月／南極／南極の夕方、高い雲が鮮やかに色づいた。鮮やかな薔薇色の夕焼けは、日本ではなかなか見られない光景である。緯度の関係から太陽がとてもゆるやかに沈んでいくので、夕焼けは1～2時間続く。

左／1月／南極／白夜の期間の午前0時の太陽。夕焼けが朝焼けに続いた。
右／7月／南極／昭和基地の上の夕暮れの空。南極の夕焼けは、日本とは色が少し違う。

上／7月／南極／青色の下の紫色が印象的で、成層圏の輝きのようだ。成層圏には若干微粒子が浮かんで、太陽光の紫色を散乱させる。その後、眩しい太陽が出てくると、周囲は急に明るくなっていく。

左／11月／南極／朝焼け雲の色が、とても鮮やかである。
右／7月／南極／中央やや下に、明けの明星の金星が輝いていて、透明な空に色がついていることがわかる。

9月／南極／南の空に夜の美しい星が輝いている。右下の端は夕焼けの橙色、その他の下側はオーロラが淡く光った色である。

5月／南極／昭和基地上空の夕暮れ。オリオン座が逆さになっている。

第2章

空の虹色

小百合さく
小草がなかに
君まてば
野末にほひて
虹あらはれぬ

——与謝野晶子
『みだれ髪』より

光と水が作り出す虹色

虹は、空に浮かぶ水滴の中を太陽の光が通って屈折・反射することで、様々な色に見える現象である。

虹は、雨上がりの夕方に多いが、朝や昼にも見えることがある。虹ができる条件は限られていて、ハワイなどを除き毎日見られるようなものではない。そのせいか、虹についての伝説は世界各地に残っている。また、2重にかかる虹や、霧や雲にできる白い虹などもあり、虹の現象はとても奥が深い。

実は、雲を作る氷の粒が太陽の光を屈折させたときにも、空には虹色の現象がうまれる。これは虹のできるしくみとは異なるのだが、通常の虹よりも鮮やかな虹色が空に出現して、驚くことがある。これらは、季節や時刻、場所によって、様々な姿がある。

そして、月の光でも様々な虹色の現象が見られることはあまり知られていない。太陽の光で起きる現象は、月光でも起きるのである。月明かりによる淡い虹の色彩は、太陽のそれと違って幻想的である。月の位置や明るさは日ごとに変わるので、月の光の現象を見るのは難しいが、慣れてくると、コツがわかってくる。

虹は本当に7色か

虹

虹色

虹は、空に起こる一番ポピュラーな色のショーで、誰もが感動したことがあるのではないだろうか。

だが、「虹は何色か」については、実は国によって違うようだ。日本では7色（赤・橙・黄・緑・青・藍・紫）が一般的だが、アメリカでは6色、ドイツでは5色ということが多い。昔、ニュートンが、プリズムを使って虹の研究をした際、虹を七音音階と関連付けて7色だといった。また7は縁起のいい数字でもあった。アメリカでも、ニュートン以前に7色としていた時代があったが、6色にしか見えないということで、6色に落ち着いた経緯がある。日本でも、理科年表などでは可視光線は6色。そこに入っていない藍色は、本来なら虹の中にはまず見られないということだ。

観察のヒント

◉見られる時　朝の雨の前や夕方の雨上がり、通年
◉見やすい場所　朝は西、夕は東、冬は北の空にも
◉観察ポイント　低い空に太陽が出ているとき、雨の降っている反対側の空を見る。

◉虹を巡る伝承

英語のRainbowは「雨の弓」の意だ。一方、虹を巨大な蛇と見なす神話は各地にあり、中国では「虹＝龍の姿」とも。虹の根元には宝があるともいうが、追いかけても虹は常に向こうに行ってしまい、雨の中に入ってしまう。

3月／千葉県／夕方、激しい雨が去った後、東の空に鮮やかな虹が見られた。

3月／ハワイ／ハワイでは、日本に比べて太陽光が強いので、虹がはっきりして色もわかりやすい。にわか雨が多くすぐに晴れるので、よく虹を見ることができる。

10月／千葉県／夕暮れにできた、大きなアーチ状の虹である。夕日が黄色いので、虹も黄色みがかっている。

虹が出たとき、どんな色が見えるかよく観察して欲しい。3〜5色に見えることも多く、どんなに条件がよくそれぞれの色がはっきり見えるときでも、せいぜい6色ではないだろうか。

ちなみに、虹に多くの色を見たいときは、ハワイのような澄んだ空で、眩しい太陽の光が雨粒に当たる場面がよい。また、双眼鏡で虹を拡大して見ると、色がよく見える。

7月／ハワイ／最も色がよく見えた虹だ。

5月／ハワイ／海上から立ち上がった虹。青色もはっきりして、雨とともに近づいてきた。

10月／千葉県／橙色の夕日が雨に当たり、虹も赤っぽいが、緑色もわかる。

3月／鹿児島県／朝、遠くに雨が降っていて、雨すじに沿って虹が太く見えた。

こんな虹の姿もあった

変わった虹

虹色

日本人は虹が好きだと思う。楽しい場面で虹の絵を描くことが多い。そして、描く虹は、アーチ状で忠実に7色を色分けした虹が多い。

虹は、その形が重要だ。太陽を背にして、太陽とちょうど反対側の点を中心に、虹のアーチができている。これは万国共通である。さらに外側に、薄い副虹が見えることもあり、その場合は二重の虹（ダブルレインボー）と呼ばれる。副虹は色の順番が逆になっている。

あるとき、テレビ番組の撮影で「丸い虹」を見たいという要望を受けて、ハワイで人工雨を作り、朝の光で挑戦した。足元まで雨を降らせると、目の前に見たこともない巨大な丸い虹ができた。両手を広げた位に大きく、虹色も鮮やかに見えた。一歩前に出ると雨で濡れてしまうという限界での観察だった。

虹が一部分だけしか見えないこともある。雨がそこにしか降っていないときや、そこだけ太陽の光が当たった場合である。うす暗い空にそこだけ虹が輝いている様子は美しく、印象深い。

飛行機から見る虹も面白い。飛行機の動きとともに移動し、すぐに消えてしまう。ハワイなど暖かい地方を飛行するときに、雨を降らすような大きな雲を斜めに見ると、遭遇する可能性がある。

観察のヒント

◉見られる時　虹が特にはっきり見えているとき

◉見やすい場所　虹に対していろいろな場所から

◉観察ポイント　虹を近くで見たり、飛行機から見るなど、いつもと違う虹の姿を探す。

◉虹ができる方角は？

虹は通常、太陽の反対側に現れるが、実は太陽と同じ方角にも見える可能性がある。筆者は太陽の出ている方に雨が降っているとき何度も挑戦したがまだ見ることができない。さらに湖で反射した太陽の光も虹を作ることがある。

10月／千葉県／遠くの雨に太陽の光が少しだけ当たってできた虹。

7月／ハワイ／人工雨の実験で、
足元まで大きな丸い虹ができた。

8月／飛行機から／雲の下に降る雨に、小さな虹が見えた。

7月／千葉県／珍しい二重の虹。上の虹と下の虹は色の順番が逆である。

目を疑う白い虹

白虹《はつこう》（霧虹）

白

虹は7色だ。そう思っている人にとっては、白い虹は想像ができないかもしれない。初めて白い虹を見たときは自分の目を疑ってしまうだろう。

白い虹は、以前から白虹といわれ、霧虹や雲虹という現象としても知られていた。私も自身の目で見たいと思い、霧のかかる朝や、山中で雲がこちらにやってくるような場面、あるいは飛行機からと、様々な場所で珍しい白い虹を追ってみた。

なぜ虹が白くなるか。それは虹の太さを見ると想像ができる。白い虹はふつうの虹よりも明らかに太い。つまり、虹色が重なった状態である。多くの色が重なって白くなったのだ。その理由として、水滴の粒が小さいことが考えられる。光環（p.54）ができるのと同じような光の回折現象が起こり、それぞれの光が少しずつ曲がり、色が重なったのだ。

難しい理屈は抜きにして、白い虹をぜひ見て欲しい。霧が出ているとき、反対側に太陽が出ていたらチャンスだ。太陽を背にして、霧の方を見て欲しい。山や丘、あるいは海や川などの霧で期待ができる。都会でも超高層マンションに住んでいる人は、眼下の霧に白い虹が見られるかもしれない。

霧雨のように水滴が少し大きくなると、やや色がついたペールトーンの虹を見ることができる。雨粒の大きさによって虹の見え方も変わるのである。

観察のヒント

◉見られる時　晴れて霧や雲が出ているとき、夏秋など

◉見やすい場所　山や丘の上、海岸、飛行機から

◉観察ポイント　雲や霧が近くにやってきたときがチャンス。飛行機の離発着時も。

◉逸話に登場する白虹

「白虹 日を貫く」と中国の故事にある。東京でも、2・26事件の前日に白虹が出て驚いたという記録がある。この白虹は、幻日《げんじつ》（p.56）を作る氷の粒で太陽の光が反射し、太陽を貫いて空を一周したものだ。

9月／山梨県／山中、雲が近づいて霧雨が降ってきた。虹が白っぽい。

8月／茨城県／海岸で海霧に見えた虹は、全く色がついていなかった。

2月／飛行機から／飛行機から眼下の雲に見えた虹も、白っぽかった。

2月／モンゴル／温泉の湯気に白い虹が見られた。

太陽や月を囲む虹色の環

光環

虹色

太陽や月が薄い雲に覆われたとき、そこに、美しい虹色の円盤が見られることがある。これを光環という。

光環を作る雲は、うろこ雲（巻積雲）やひつじ雲（高積雲）などが薄くなったものが多いが、きり雲（層雲）で見えることもある。しかし、暈《かさ》（ハロ・p.56）を作る、高い空の氷の粒の雲では光環は見られない。

光環が見えるのは眩しい太陽の近くなので、あまり気づくことがない。観察には、夜の方がお薦めで、満月前後の明るい月だと眩しくないので探しやすい。

光環は、雲自体に色が付いているのではない。太陽や月、雲、自分の位置がちょうどよいと、光の回折現象によって、色ごとに曲がり方が異なり、色づいた光の環が見られるようになる。

光環が見えたあと、違う種類の雲も出てきたら天気が悪くなる。他に雲がない場合は、あまり心配することはない。富士山の近くでは、天気に関係なくしばしば見ることができる。

光環は、よく見ると全く同じものはない。色も二重や三重になっていることがあり、何度見ても飽きない。満月の光環は本当に美しく、数分間でその色合いが変わっていく。また、金星の明るい輝きで光環が見えることもある。

観察のヒント

◉**見られる時** 空が澄んでうろこ雲の多い秋など

◉**見やすい場所** 太陽や月が見える場所

◉**観察ポイント** 太陽の場合はサングラスがあるとよい。月はひつじ雲でも美しい。

◉火山灰が作る巨大な環

とても大きな光環ができることがある。それは火山噴火である。火山噴火で舞い上がった微小な火山灰が回折現象を起こす。1883年のインドネシアのクラカタウ島の噴火でできた光環はとても大きかったそうだ。

8月／富山県／雲に隠れたとき、太陽のまわりに様々な色の環ができた。

12月／千葉県／薄い雲に入った太陽のまわりに、完全な円形で虹色の環ができた。

3月／千葉県／花粉によって、夕日のまわりが円盤状に輝いた（花粉光環）。

9月／山梨県／月のまわりに、美しい虹色の輝きが、目でもきれいに見えた。

氷のプリズムが作る色のきらめき

暈《かさ》（ハロ）

虹色

晴れている空に変な虹が出ていると、話題になることがある。往々にして、それは虹ではなく暈（ハロ）だ。暈は本物の虹よりも色が美しいことがある。特に緑色、青色、紫色などが強い暈は、美しさに目を奪われてしまう。

暈は、虹とは違う現象だ。でき方や形も異なる。虹は雨の水滴が作る現象だが、暈（ハロ）は雲の中の小さな氷の粒が作る現象だ。雲の氷の粒は六角形の柱状になっていることが多く、それがたくさん空に浮かんでいる。その上下の面や側面に入った太陽の光が、プリズムのように屈折して色分かれする。

太陽のまわりに丸く見えるのは日暈《ひがさ》（内暈、22度ハロ）で、低気圧が近づいて天気が悪くなるときに見える高い雲にできやすい。円の内側がやや赤っぽく見えるのが特徴だ。

他にも、太陽が高いときに、太陽の下に横に広がる虹色の輝きを環水平アークという。これは色がとても鮮やかなので、彩雲や虹と間違える人が多いが、暈の現象だ。

そして、太陽が低いときに、太陽の上の高い空に、逆さになったアーチ状に見える輝きが、環天頂アークである。これも、虹色が美しい。「逆さ虹」ということもあるが、虹の仲間ではない。

また、太陽から左右にやや離れた場所に、色づいた光の輝きが見られることがあり、これを幻日《げんじつ》という。赤色や黄色はよく見えるが、たまに青色も見えることがある。

観察のヒント

◉見られる時　上空にうす雲が出やすい春秋など

◉見やすい場所　太陽の周囲と上や下が見える開けた場所

◉観察ポイント　低気圧が近づいてくるときがチャンス。数分間で変化しやすい。

◉暈の様々な名称

環水平アークや環天頂アークは美しい現象だが、名称がわかりにくいために、ニュースなどではよく彩雲といってしまう。気象庁の観測では水平環、天頂環などといいならわすが、どうもしっくりとくる名称がないようだ。

9月／千葉県／太陽のまわりに日暈ができた。薄く色がついている。

4月／茨城県／太陽の下で、横に広がった美しい虹色の環水平アーク。

1月／千葉県／太陽の上、頭上で弧を描いた虹色の環天頂アーク。

1月／千葉県／太陽の両側に幻日が輝いている。

“この世で最高の祝福”月光虹

月光虹

虹色

夜に虹を見ることなど、できるのだろうか。月の光は弱いので、半信半疑の人が多いだろう。光はうっすらと見えても、本当に色がわかるのか。「月がつくる虹は目では色がわからない」とする文献もあるのだから、混乱してしまう。

あるテレビ番組で、私がアドバイザーとなって満月が昇る頃に、人工雨のセットで月の虹の出現を狙った。明るい月が水平線から出てきた後、給水車で雨を降らせると、見事に色づいた虹が目の前に現れてきた。その人工雨に近づいていくと、虹は足元の方まで伸びてきて、ほとんど丸くなって見えた。色づいた月の虹だけでなく、月の丸い虹までを見ることができた。

観察のヒント

◉**見られる時** 雨の前後、明るい月が低空にあるとき

◉**見やすい場所** 周囲に明かりのない暗い場所

◉**観察ポイント** 満月前後の月の反対側の空ににわか雨やしぐれが降るのが見える場所。

◉月の虹を見る方法

月の虹は月明かりと夜のにわか雨など、多くの条件が揃わないと見られない。そこで薦めたいのが滝しぶきによる月の虹だ。大きな滝の下では絶えず水滴が舞っている。そこに明るい月の光が当たると月の虹が出現する。

8月／ハワイ／人工の雨を降らせ、月明かりによって虹がはっきり見えた。

8月／ハワイ／右上は雨を降らす装置。自分の影のまわりに虹が見えた。反対の空に満月がある。

8月／ハワイ／この明るい月の光が、ハワイで月光虹を見せてくれた。

人工雨は、ハワイでよく降るシャワーのような雨に似ている。だから天然の雨に近く、月の虹でもこうして色がわかることを確認できた。

月の虹は、月虹《げっこう》あるいは月光虹といい、英語ではMoon RainbowあるいはMoonbowという。また、夜の虹（Night Rainbow）ともいい、ハワイでは月の虹を見ることは「この世で最高の祝福」と言い伝えられている。ハワイは虹の州で、太陽による虹は毎日のように出ている。

吉兆を示す雲の虹色

彩雲

虹色

彩雲とは、その名の通り雲が様々な色に彩られる現象である。色とりどりの彩雲が空に見られたら、誰もが感動し、嬉しく思うだろう。日本人は、昔から彩雲を愛でている。かつては慶雲や景雲、あるいは瑞雲とも呼ばれていた。

彩雲には様々な色があるのだが、実際に見ると、特定の色が目立って見えることが多い。緑、赤紫、橙などの色が目につきやすい。そして、紫、青、黄、赤などの色が見えることもある。小さな雲だと、どれか1色だけのこともあり、驚くだろう。

彩雲は雲自体に色がついているのではなく、太陽の光が雲の粒の間を回折するときに色分かれしたものである。だから、太陽や雲が動くと、見える場所や色合いも変わっていく。

彩雲は美しいが、唯一の欠点は、太陽の近くに見えることである。朝や夕方は、太陽からやや離れたところにも見える場合があるが、日中は太陽のすぐ近くにある。見るのも写真を撮るのも難しい。彩雲をしっかりと見たいなら、サングラスをかけて観察しよう。

彩雲が現れるのに季節は関係ないが、空が澄んでいて、太陽の近くにうろこ雲が出ているとよく目にすることができるようだ。富士山の周辺は、日本で一番多く彩雲が見られる場所だ。

観察のヒント

◉見られる時　うろこ雲の多い空、秋冬など
◉見やすい場所　澄んだ空が見える場所、街中でも
◉観察ポイント　太陽の近くにうろこ雲があるとき。眩しい場合はサングラスを使用。

◉元号にもなった彩雲

慶應大学は慶應という元号から名づけられたが、その元号の慶應は、中国の文選にある「慶雲応輝（めでたい兆しの雲がまさに輝く）」が由来である。中国でも日本でも、昔から彩雲には特別な思いを持っていたようだ。

1月／千葉県／正月の澄んだ青空に、緑がかった彩雲が流れていった。

10月／千葉県／朝日が当たってできた彩雲に、黄金色の輝きが見られた。

7月／山梨県／丸く固まった雲に、様々な色がついた。

7月／山梨県／太陽の近くにあるうろこ雲が、こうして彩雲になることが多い。

1月／千葉県／幾何学模様の雲が彩雲になると、芸術作品のようである。

10月／秋田県／空気が澄んだ秋田県では、消えていく低い雲も彩雲になった。

夜空に浮かぶ虹色の雲

月の彩雲

虹色

月の彩雲を見たことのある人は少ないと思う。明るい都市では、なかなか見えない。満月の前後に、暗い郊外、あるいは山や海などで、たまに見ることができる。月が雲に時折隠れるようなとき、月の周囲の雲が様々な色に輝くのが月の彩雲だ。

太陽の彩雲は、太陽光の眩しさでよく見えないことがあるが、月の彩雲は実に見やすい。夜の屋外に目が慣れると、黄、橙、緑、青、赤紫などの様々な色が見えてくる。月や雲が動くと、ゆっくり彩雲の色も変わっていく。

月の彩雲は、うろこ雲(巻積雲)やひつじ雲(高積雲)にできやすい。そのため、そうした雲が多く、空が澄んでいる秋によく見られる。運がよければ、中秋の名月のまわりが彩雲になることもあり、感動を覚えるだろう。

暗くて、彩雲の色がわかりにくいときは、双眼鏡を使うとよい。レンズが大きくて倍率が低い方がよく見え、写真よりもはっきりと美しく見ることができる。

彩雲ができるのに必要な条件は、月の近くに水滴からできた薄い雲があることである。また、三日月や半月ではほとんど見えず、満月前後の明るい月が必要だ。

月の彩雲は、離れた場所からは見えなかったり、形や色が違ったりするため、もし観察できた場合は、自分一人だけのための夜空のショーを目にしていることになる。

観察のヒント

◉見られる時 月が高く昇り空が澄む秋冬など

◉見やすい場所 まわりが暗くて月が見える場所

◉観察ポイント 明るい月の近くに、うろこ雲かひつじ雲があること。

◉月光が作る現象

太陽の光で起こる空の現象は、月の光でも同様に起こる。ただし、月光は満月時でも太陽の数十万分の1の明るさしかなく、かなり暗い。とはいえ彩雲は太陽の光だと眩しい場合が多く、月明かりの方が観察はしやすい。

9月/鹿児島県/満月の上に優雅に踊るような彩雲が現れた。

9月／静岡県／富士山5合目から、上がってきた雲が月のまわりで色づいた。

11月／茨城県／満月を覆うように迫ってきた高い雲が、月の周囲で色づいた。

9月／山梨県／暗い場所で見る月の彩雲はとても美しい。

Column

山上で出合う虹色の現象、ブロッケンの妖怪

「御来迎《ごらいこう》」とは、山の上で太陽を背にして、手前に大きく映る自分の影に、虹色の光の環が見える現象のことをいう。御来迎は人間を浄土に迎えるために現れる光のことだ。虹色の輪は、後光、御光や光背《こうはい》ともいい、仏菩薩の放つ光明だと考えられている。御来迎は御来光ともいったが、現在の御来光は日の出を拝むという意味で使われることが多い。

また、ドイツのブロッケン山ではこの現象がよく見られることから、人の形の異様な影は「ブロッケンの妖怪」と呼ばれ、不吉なものとされていた。最近は霧の中の影とそのまわりの虹色の輪をまとめて「ブロッケン現象」ということが多くなっている。英語の「グローリー」や「光輪」という表現もある。

さて、山の上で突如ブロッケン現象に出合ったら、びっくりするだろう。自分の影なのに、奥行きがあるために自分よりも何倍も大きく感じられるので、別の物体と思いがちだ。また、虹色の輪は、二重や三重になって大きくはっきり見えると、美しさに感動するよりも驚嘆してしまう。

このブロッケン現象は、霧が近くにあれば大きく見え、遠ければ小さく感じる。そして、自分と一緒に動くのが面白い。隣に人がいても、自分のブロッケン現象だけが見えるのも興味深い。実は、わざわざ山に登らなくても、飛行機から見ることができ、より簡単である。太陽がまだ高くない時間に、太陽の反対側に座ると、雲の上に見えることが多い。一緒に動く様子が楽しい。

虹色は内側が青っぽく、外に向かって黄色や赤色があり、それが2、3連なっていることがある。これは雲や霧の小さなたくさんの粒によって、光の回折現象が起こっているためだ。

7月／長野県／太陽が高くなると、ブロッケン現象はだんだん下がって見えなくなっていった。そこで、肩車をして高い位置から見ると、再び見えてきた。

8月／長野県／山の稜線に日の出を見に行き、ふと後ろを振り返ると、足が長くなった自分の影の頭のまわりに、美しい円形の虹色が見えた。霧の動きとともに、ブロッケン現象もできたり消えたりした。

9月／飛行機から／飛行機から見るのは、山で見るよりもずっと楽である。飛行機の影のまわりにできた虹色の環は、飛行機の動きと一緒に動いていく。
また、雲がなくなると突然消えてしまう。そして、高い空の氷の粒の雲では見られない。

第3章
雲の色

夕暮れは
雲のはたてに
物ぞ思ふ
天つ空なる
人を恋ふとて
——詠み人知らず
『古今和歌集』より

光を映す水と氷の粒

昼間の雲が白いのは、太陽からの光に含まれるすべての色を反射しているからである。また、雲に橙色の夕日が当たると、赤っぽい夕焼け雲になり、太陽の光が当たらない厚い雲の下は、灰色になる。そして、夜の雲には色がなくなり、真っ黒だ(街明かりがない場合)。

雲ができる高さは、0～2000m、2000～6000m、6000～13000mなど、3層に分けられる。

高い山に登れば、低い雲(下層雲)は眼下に見える。雲海も下層雲の一種である。2000～6000mの高さの雲(中層雲)は、高い山のすぐ上にあり、ジェット機に乗ると下に見える。高い雲(上層雲)は、ジェット機が飛ぶような高さにあり、マイナス20～マイナス55℃程度と冷たく、主に氷の粒からできている。

雲は白色だけではない。青い雲、黄色い雲といった珍しい雲も存在する。

もし、雲がない青空の日だけが続いたら、毎日見る空は、あまり楽しくなくなるかもしれない。日本にいると、幸いに色々な雲が見られ、日々、雲の形や色を楽しむことができる。

雲はなぜ白いのか

白い雲

白◯

青い空に真っ白な雲。この光景は、何度見ても気持ちがいいが、実は雲そのものは色を出していない。雲は太陽の光を受けると、すべての色をはね返すので、白色になる。空には青っぽい色が多く散らばるが、雲による反射は、どんな色の光でも違いがない。

また、雲が真っ白に見えるのは、背景の青空が比較的暗い色であるからだ。背後にもっと色の白い雲があれば、その手前の雲は灰色に見えることがある。白色は相対的に生まれるものでもあるのだ。

そのため、夜の雲は真っ黒である。夜は雲が反射する太陽の光がないからである。ただし街中の雲は、街の明かりが映ることがあって、白っぽく見えるときがある。

雲が厚くなってくると、影ができて、灰色に見える部分ができてくる。たとえば、それほど厚みのないわた雲から、厚みのあるにゅうどう雲になると、暗い部分がだんだん増えていく。

高い空に見られるすじ雲やうす雲は、白く輝いている。それらの雲は小さな氷の粒からできているため、雪面のように多くの光をはね返し、白く輝いて見えるのである。そして、太陽の光が赤みを帯びる朝や夕方は、雲も朝焼けや夕焼け雲として色づく。実は白い雲は、昼間の青空とセットで見られるものなのだ。昼間は太陽から多くの色の光が当たって白くなっているが、太陽の光が赤っぽくなると、色が偏って雲は白くならない。

観察のヒント

◉見られる時　空が澄んでいる日中、通年

◉見やすい場所　山や高原などがよいが、街中でも

◉観察ポイント　太陽と反対側にある雲は太陽の光をたくさん反射して白く見える。

◉光を反射する水の粒

透明な泡もたくさんあると白く見える。泡が大量に入った氷は白い。光を多く反射させるからである。同様に水滴や氷の粒がたくさん集まった雲も白く見える。輝いた純白の美しさは、雲が一番である。

6月／東京都／観覧車の上に、真っ白なわた雲ができたり消えたりしていた。

9月／栃木県／山の上から見渡すと、高い空のうろこ雲が真っ白に輝いていた。

6月／東京都／交差点から見上げた東京の空にも、真っ白なひつじ雲があった。

5月／千葉県／もくもくとした雲はとても白く輝く。

わずかな時間、黄色に輝く雲

黄色い雲

黄

朝や夕方に、黄色い朝日や夕日が当たって、雲が黄色に輝くことがある。毎日見られるわけではなく、空の澄んだときにだけ見られる。

黄色い空に黄色の雲があるよりも、青い空に黄色の雲があった方が印象が強くなる。そのような光景は、山で見られることが多い。朝には平たい雲が多く、それが黄色くなりやすく、夕方にできているにゅうどう雲も同様だ。

黄色い雲は、橙色の朝焼け雲や夕焼け雲と白い昼間の雲のちょうど間の時間帯だ。もし見えても、黄色く色づく時間は10分程度である。

黄色い雲が見たいときは、天気が良いときに山や高原に行くとよい。朝と夕方にチャンスがあるが、朝は低い雲しかないことが多いので、夕方のわた雲やにゅうどう雲を見るとよいだろう。太陽の光が横から当たると、雲はさらに立体的に見えてくる。輝いて、黄金色にも見えることもある。

真っ白な雲や夕焼けの赤い雲は絵本などでもよく見るが、黄色い雲は短い時間しか見られないため、知らない人も多いだろう。黄色い雲は、温かみがあり立体的で、面白い形のものが多い。

観察のヒント

◉**見られる時** 空気の澄んだ朝や夕方、通年

◉**見やすい場所** 空が見渡せる場所、山や高原など

◉**観察ポイント** 黄色い太陽の強い光が、低空から雲に当たるときに見られる。

◉黄色はどんな色？

「黄色いリボン」など、黄色は「身を守る色」として世界的に大切にされている。仏教では「極楽浄土への架け橋の色」、中国では「皇帝の色」らしい。また、黄色は「癒しの色」だ。黄色い雲を見て、どう思うだろうか。

6月／山梨県／夕日のまわりに、黄色に輝く雲の群れがあった。

7月／山梨県／もくもく伸びるにゅうどう雲が、夕日で黄色く染まった。

9月／山梨県／朝日を受けて、山の近くに黄色い雲の群れが見られた。

6月／千葉県／白い雲が赤い夕焼け雲になる前に、黄色くなるひと時がある。

朱色に輝く雲は悪天の兆し

朝焼け雲

朱色

朝焼け雲は、天気が悪くなるときの朱色が特徴的である。

美しい夕焼け雲は、天気がよくなるときに見られるが、朝焼け雲の場合は、空にだんだん雲が増えてきたときに見られることが多い。つまり、晴れている東の空から太陽の光がやってくるとき、西から東の空に、天気を悪くする雲がだんだん移動してくるときに色づく。

天気が悪くなる前は空気が湿っているので、空気中に浮かぶ水滴が多く、空がもやもやしている。だから、朝焼け雲の光は弱く、濁った感じになる。

しかし、空気がとても澄んでいて天気が悪くならないときにも、偏西風が強いときは、すじ雲やうろこ雲などが流れていて、高い空に朝焼け雲ができることがある。この場合、赤みは弱く、橙黄色など黄色が強い色になる。

ただ、実際は写真を見てわかるように、場所や季節や天気によっていろいろな色彩があり、一概に色を表現するのが難しい。また、刻々と色や明るさが変わっていく。

地上の風景は、夕焼け雲のときと同じように、朝焼け雲が広がると辺りが黄色や橙色になる。夜明けの青っぽい色からそうした色に変わると、異様な感じがする。

観察のヒント

◉**見られる時** 空が日の出直前に色づくとき。夏秋など

◉**見やすい場所** 山や高原、海岸など

◉**観察ポイント** 日の出の時刻の20分前から見る。

◉朝日の身体への効果

早起きは三文の得というが、朝焼け雲も早起きしないと見られない。朝日を浴びることによって、体内時計がリセットされ、体内リズムが正常になり快眠につながるともいわれている。朝焼け雲は単に美しいだけではない。

9月／山梨県／富士山によってできた不思議な形の雲が、朝焼けになった。

8月／茨城県／だんだん雲が増えてきて、高い雲から朝焼け雲になった。

6月／栃木県／天気が悪くなる前、橙色の太陽の光と上空の青さが重なった色。

9月／栃木県／朝日のまわりに、黄色に輝く雲の群れがあった。

8月／富山県／山の上、澄んだ朝焼け雲が遠くまで広がっている。この色の朝焼け雲はこのまま晴天が続く。

8月／群馬県／天気が悪くなる直前の朝焼け雲は、やや暗くてもやもやする。

夕焼け雲の色は雲の高さで違う

夕焼け雲

金赤《きんあか》

「夕焼け小焼けで日が暮れて……」と童謡に出てくるのは、美しい夕焼け雲のことだろう。雲がないときにも空に夕焼けは見られるが、その場合は地平線のすぐ近くだけが赤くなる。空の上の方まで赤く染まるのは、雲が出ているときだけだ。特に赤くなるのは高い空にできる雲で、うろこ雲（巻積雲）、すじ雲（巻雲）、うす雲（巻層雲）などである。これらの雲は、日没後5～20分ほどで夕焼け雲になる。こうした高い雲は、上空を偏西風が流れ、空気の澄んだ秋の空に見られることが多い。

夏、空ににゅうどう雲（積乱雲）が出ていたら、それらが夕焼け雲になるところを観察してみると面白い。

この雲は低い空から高い空まで上に伸びているため、下の方と上の方では夕焼けの色が異なる。また、もくもくと重量感のある積乱雲が、時間が経つにつれて黄色や橙色や赤紫色と変化していく姿は、不気味に感じられる。

観察のヒント

◉**見られる時** 澄んだ空に高い雲が浮かぶとき。秋に多い

◉**見やすい場所** 西の方など、空が見渡せる場所

◉**観察ポイント** 日没時刻から約20分間、低い雲から高い雲にかけて色づく。

◉地平彼方の夕日の色

夕焼け雲の色は沈んでいった夕日の色である。その夕日は地上からはもう見えない。雲の色の変化から、沈んだ夕日の色を想像してみよう。ちなみにジェット機で上空から眺めると、沈んだ夕日も見ることができる。

8月／東京都／にゅうどう雲は、夕焼けで不思議な色の変化をする（左から右へ）。

6月／千葉県／日没後15分ほど経ち、やや暗くなった空に夕焼け雲が映えた。

10月／千葉県／夕焼けになったうろこ雲の間に、秋の細い月が見られた。

10月／茨木県／澄んだ空、蜜柑色に雲が輝いた。

移り変わる夕焼け雲の色

夕焼け雲の変化

橙黄色〜茜色

　夕焼け雲の色のイメージは、おそらく人によって違う。数十分の間に、夕焼け雲の色は刻々と変化していく。

　ひとくちに赤い夕焼けといっても、「赤」には数えきれないほどの種類があり、橙黄色、橙色、黄赤、赤橙、茜色などがある。

　実際に空に浮かぶ夕焼け雲の色の変化を見てみると面白い。夕方の澄んだ空高くに雲(うろこ雲、すじ雲、うす雲)があるとき、日没直後から雲の色の変化を観察する。すると、夕焼け雲は1〜2分ごとに色が変わっていくことに気づく。

　夕焼け雲を楽しめる時間は、長くても20分間ほどなので、この時間は貴重である。

日の入り2分後

4分後

7分後

9分後

9月／千葉県／住宅地で、日の入り直後から9分間で変わった夕焼け雲の色の変化。この日は、周囲の風景の色彩が夕焼けの色により大きく変化し、部屋にいても空の色の変化に気がつくほどだった。雲は橙黄色・橙色・黄赤・赤橙と変化した。

観察のヒント

◉**見られる時**　澄んだ空高くに雲が浮かぶとき、秋に多い

◉**見やすい場所**　西の空がよく見える場所

◉**観察ポイント**　日の入り直後から約20分間、雲の色の変化を見る。

◉西に臨む水辺で夕映えを

夕焼けは、見る場所や人の気持ちによって印象が様々だ。夕日や夕焼けの名所は各地にあり、西に海や湖が広がるところでは、夕映えや夕焼け雲が水面に映って美しい。だが、近年は大気汚染で空が濁っていることが残念だ。

日の入り2分後

7分後

12分後

15分後

9月／山梨県／富士山5合目で、日の入り直後から15分間で変わった夕焼け雲の色の変化である。山の上では雲の色がクリアで、夕焼けの時間も長く感じる。そして、夕焼け雲が終わるとすぐに闇が訪れるとともに、たくさんの星が見えてくる。雲は淡黄色・橙黄色・黄赤・赤橙と変化した。

急に空が暗くなる不気味な色

暗い雲

灰青《はいあお》

日中でも、厚い雲に覆われるとその下は暗くなる。まわりから少し光が当たるので、完全な黒ではなく暗い灰色だ。真っ暗な夜の黒い雲と違い、少し光が当たっているので、雲の模様が見える。

にゅうどう雲（積乱雲）が頭上にあるときには、こうした空の状態になる。分厚い雲は、太陽の光を通さない。そして、雲は光が当たらないと、色を失っていく。遠くで真っ白に見えていたにゅうどう雲が真上にやってきたとき、こうして急に暗い灰色になるので驚く。

雲が分厚くなり、暗くなればなるほど、激しい雨や落雷、竜巻や突風などの、身に危険がある現象が起こりやすくなる。これはおかしい、何かが起こりそうだと、恐怖を感じる人もいるだろう。雹《ひょう》が降ったり竜巻が起きるときはかなり暗くなり、雲は黒に近い色になる。

こうして日中の空が暗くなるのは雲だけに限ったことではない。火山噴火で火山灰が飛んできたり、山火事などで大規模な煙がやってきたりした場合などにも起きる。これらも危険なサインであることに間違いはない。

そして、意外かもしれないが、花火大会の煙で暗くなることがある。風下《かざしも》側にいると、花火の煙と、それによってできたもやが迫ってくる。

観察のヒント

◉見られる時 大きな雲が空を覆う春夏の夕方など

◉見やすい場所 空が広く見える場所。雷雨に注意

◉観察ポイント 積乱雲が頭上にやってきたときがチャンス。火山噴火でも。

◉悪天候を告げる色

竜巻などを起こす巨大積乱雲がやってきたときは、夜になったかのように辺りが暗くなる。激しい雷雨だけでなく雹が降ることもある。火山噴火のときも、雷が起こって噴石が飛んでくることがある。暗い雲には用心したい。

9月／東京都／日没時、急に空が暗くなって、雨の気配を感じた。

4月／千葉県／日中に急に空が暗くなり、このあと雷雨になった。

めったに見られない青い雲

青い雲

空色

ある小学校で、校歌の歌詞に「青い雲」とあり、疑問に思っている子どもがいた。「青い雲」なんてあるのだろうかと思う人が多いだろうが、実際に存在するのである。

青い雲は、実は色々な場面で見ることができる。

たとえば、晴れた日の高い空にもやがあるときに、もや自体が水色に見えることがある。これが一番多い「青い雲」のパターンだ。青い空の色を反射させたり、小さな水の粒が青っぽい光を散らばせたりしているのかもしれない。ちなみにたき火やタバコの煙も、似た色を作ることがある。煙の小さな粒は、青っぽい色を多く散らばせるので、煙が青白く見える。

あるいは、氷でできた雲の粒が太陽の光を屈折させるために、雲が青っぽく見える場合がある。この場合は、雲が動くと、緑色や赤色などにも見えてくることがある。

また、日の出前や日没後のブルーモーメントのときに見える雲も、空気中に散らばる青い光に染まり青く見えることがある。

そして、日本では見られないが、高度80〜90kmの上空にできる「夜《や》光雲《こううん》」は、青白く見える。高緯度地方で夏に見られることがあり、不思議な模様を作って動いていく。

雲の色一つをとっても、空にはまだ、多くの人が気づいていない色がある。

観察のヒント

◉**見られる時** 日中の薄い雲か夕暮れ、通年

◉**見やすい場所** 空が見える広い場所、街中でも

◉**観察ポイント** 現象が定まっていないので、色々な場面で青い雲を探す。

◉青雲が表すもの

青雲という言葉がある。商品名にもなっているが、青い雲の他に、よく晴れた高い空、地位や学徳の高いこと、俗世間から超越したこと、などの意味があるようだ。いずれにしても、珍しい現象であることは間違いない。

9月／東京都／にゅうどう雲の上のもやが、少し青っぽく見えた。

6月／福島県／雲を作る氷の粒の屈折で、雲が青く輝いた。

9月／東京都／日が沈んでブルーモーメントの頃、雲も少し青っぽく見える。

2月／南極／南極上空の高度80 ～ 90kmにできた夜光雲は、青白色に見えた。

空を青く割る「雲の影」

雲の影

瑠璃色

雲の影を見たことはあるだろうか。この雲の影ができると、そこだけ空の色が変わり、まるで空が割れたかのようだ。

日本の空は湿っていて、雲にならない小さな水の粒がたくさん漂っていることが多い。そこに太陽の光が当たると、うっすらと白く見える。晴れていても、きれいな青空にならないことがあるのはそのためである。特に春から夏が顕著である。

そこに、雲の影が当たると、不思議な色合いになる。太陽の光が当たらない部分の空が、まわりよりも濃い青色になり、そこだけ澄んだ空の色が見える。

高い空まで成長した雲は、斜めから当たった太陽の光によって、影を遠くまで伸ばす。特に、夏の積乱雲は、夕方に成長して、こうした現象を作りやすい。関東平野では、午後から夕方にかけて群馬県などの山間部にできた積乱雲の影響を受けて、雲の影が出やすい。

太陽が傾いたり、雲が動いていったりすると、この影の位置や形はだんだん変化していく。反対の空まで大きく伸びた影は、気味が悪くさえある。空が割れたかのような、怖い感じがするときもあるだろう。また、雲が複数あると、影は何本も伸び、空の半分近くが雲の影に入ることもある。

観察のヒント

◉**見られる時** 空が少しもやもやした春や夏など

◉**見やすい場所** 空が見渡せる場所、街中でも

◉**観察ポイント** 日中は影が短いが、朝夕は長い。夏の夕方に巨大なものが多い。

◉空に映る富士山の影

山の影が空に映ることがある。富士山頂付近から、富士山の影が地面に見えるのを影富士というが、空に富士山の影が見える現象は二重富士という（筆者発見）。そして、その影が反対の空まで伸びることもある。

5月／東京都／積乱雲の間から太陽の光が漏れた。雲の影の方が空が青い。

8月／千葉県／夕方、太陽が沈む方向にあった雲の影が、反対の空まで伸びていた。

漆黒の雲の仕組み

夜の雲

漆黒●

　日中、白く輝いていた雲も、夜になると真っ黒になり、闇に消えていく。

　満天の星が広がっているときは、星明かりがあり、空気もわずかに光っている（これを大気光という）。そのため、星空から明るさを感じる。そんな夜に雲が出てくると、星や天の川は消えていき、真っ黒な空間が広がっていく。

　このような闇夜では黒い雲は見られないが、夜が近づくにつれて暗くなっていくときや、あるいは夜明けに空が明るくなるときは、浮かんでいる雲は黒く見える。

　これは、背後の空に太陽の光が当たっているのに、雲には当たっていないからである。この黒い雲は、上昇気流が少ないために、昼間のように発達することは少ないが、空の明るさを消してしまう。

　街中で夜の雲を見ると、少し輝いているように感じることがあるが、これは雲自体が輝いているのではなく、街の光が下から雲に当たっているためだ。山や海など街灯のない場所では、夜の雲は真っ黒である。

　黒い雲を確認したいときは、完全に雲に覆われた日ではなく、月明かりがある日や薄明の時間を狙うとよい。

観察のヒント

◉見られる時 日の出前や日没後の薄明、月夜

◉見やすい場所 街明かりのない山や海など

◉観察ポイント 薄明や月明かりを背景に、黒く見える雲を探す。

◉南極で知った真の闇

南極では人工的な明かりがないため、夜に雲が広がり星が消えると何も見えなくなった。空と地面がひとつになり、さらに音も匂いもなく生きている実感がなくなってくる。古代の暗闇とは、このようなものだったかもしれない。

6月／山梨県／夜の月がひつじ雲に隠されていった。雲は黒っぽい。

8月／富山県／夕方の薄明が終わりきらないうちに、黒い雲が空を覆って暗くなった。

2月／栃木県／夜明けの美しい空の手前に、黒い雲がいくつも浮かんでいた。

5月／栃木県／雷が光るときにも、黒い雲が見えることがある。

山上から眼下に色づいた雲を見よう

山から見た朝夕の雲

杏《あんず》色

雲は朝や夕方につく色が面白い。特に山では、自分の上にも下にも横にも雲があり、それぞれ独特な色がつく。

雲自体に色があるのではなく、太陽の光が当たって染まる。しかし、山から下に見える雲は、空の色が映って青みがかった不思議な色になったり、東の空からの赤っぽい色が重なって、紫のような色になったりする。

山の朝は、眼下一面に雲海ができることがあり、それが朝日で橙黄色に輝く様は美しく、忘れられない光景となるだろう。そして、その雲海と高い空に輝く雲との間にある、様々な形の雲の色もまた面白い。太陽が昇るにつれてだんだん形も色も変わっていく。

観察のヒント

◉見られる時 夏や秋の朝夕

◉見やすい場所 1500m以上の標高がある山上で雲海の上

◉観察ポイント 高い山へ車か徒歩で行き、雲を見て、見晴らしのよい場所を探す。

◉山中で笠雲に入ると

富士山には、笠雲ができることがよくあり、山頂付近だけが雲の中に入ってしまう。登山中に笠雲の中に突入すると、冷たく湿った風が吹いて、数m先が見えない。辺りはうす暗く、体に水滴が付いてくる。

こうした、朝や夕方の光景を見るために、普通は山の上に泊まるなどしなければならないので、なかなかチャンスがないだろう。しかし、富士山の5合目は、車で気軽に行け、早朝のバス便もあるので便利である。天気と日の出入りの時刻や方角を確認してから観察したい。雲海は、夏から秋の、晴れて風の弱い日にできやすい。その光景を見たくて山に行く人もいるほどだ。

また、日本にはたくさんの山があるので、それぞれの山の雲の特徴を知ると、様々な光景を楽しむことができる。

9月／山梨県／上は薄紅色の夕焼け雲、下には珍しい紫がかった雲があった。

9月／静岡県／高い雲や雲海は淡黄色に輝き、目の前に灰色のレンズ状の雲が浮いていた。

9月／栃木県／雲海が、海面のように、朝日を反射させて橙黄色に輝いた。

5月／静岡県／山の上から見た朝の雲の流れは、不思議な色である。

最も白く輝く雲はいずこ

空から見た雲

白

飛行機から見る雲の白さは格別である。太陽が当たっている雲を正面から見ることができるからだ。

地上から見る雲は、太陽が上から当たっているため、下の方に影があったり灰色だったりすることがある。完全に白い雲は、すじ雲やうす雲など、氷の粒からできた雲だけである。にゅうどう雲も横から見ると白く見えるが、陰影ができていて、雲の下の方は灰色だ。

飛行機から空を見て、まず驚くのが、真っ白な雲海である。やわらかな水面のようでもあり、ドライアイスで作った霧が漂っているようにも見える。そして、遠くの地平線で空とはっきり分かれている。

観察のヒント

◉見られる時　快晴と大きな低気圧や台風のときを除く

◉見やすい場所　飛行機の窓側、太陽のない方

◉観察ポイント　季節によって雲の高さや形が変わる。陸か海の上かで異なる。

◉宇宙から見た地球は青い？

「地球は青みがかっていた」と宇宙飛行士がいった（「地球は青かった」というのは不正確な訳といわれている）。これは、表面の約７割を占める海の青さはもちろん、表面を覆う大気が薄い青だったからだと思う。

また、眼下に見えるにゅうどう雲は、地上から見るのと違いほとんどが真っ白に輝いている。この雲のすぐ近くを機体が飛ぶと、もくもくと成長する雲のエネルギーに驚く。

また、国際線では10000ｍを少し超える高さを飛行するため、ほとんどの雲は飛行機より下に見える。雲は、青い海と茶色や緑の陸地の上を、やわらかな綿のように覆っている。地球全体で3割程度は雲がありそうだ。宇宙から見た地球は、青に少し白が入った色なのだろう。

3月／飛行機から／下は一面の雲海、上は雲ひとつない青空。

8月／飛行機から見るにゅうどう雲は、真っ白に輝いている。

12月／地球にへばりついたように、雲の群れが延々と続く。

12月／富士山の雪の白さに匹敵する白い雲。

眼下に見える不思議な色

空からの朝焼け・夕焼け雲

丹《に》色

飛行機から見る昼間の景色に飽きた人は、朝や夕方の光景をぜひ見て欲しい。

飛行機の下に雲があるときは、朝焼け雲や夕焼け雲となって輝く。その色は、地上から見た色と似ているが、地上から見上げていた雲が、飛行機からは下に広がって見えるのだから不思議だ。眼下に燃えるような赤っぽい色が広がると、広がる様はまるで地球が燃えているようにも見える。

朝焼け雲や夕焼け雲の色は、地上と同様に、朝はやや黄色が強くて、夕方は赤みが強い。また、にゅうどう雲には横から朝日や夕日が当たるが、層状の雲には下から当たる。地球は丸いので、太陽の光が雲の下に当たるのだ。層状の雲の下側が真っ赤になっているのを見ると、びっくりするだろう。

さて、朝焼けや夕焼けは、地上と同じように見られるのはわずかな時間である。あらかじめ、日の出入りの方角と時刻を調べておいて、朝は東の空、夕方は西の空が見える席に座るとよい。朝焼け、夕焼けの美しい時間は数分間だが、地球自転の影響で、東へ向かう飛行機ではすぐに終わり、西へ向かう飛行機では少し長くなる。南北へ移動する飛行機に乗った場合は、東西の方角は横方向になる。

観察のヒント

◉見られる時　日の出入りのときに飛ぶ飛行機から
◉見やすい場所　太陽のある方の窓側の席
◉観察ポイント　太陽が眩しいので、目に入らないようにして、色づく雲を見る。

◉地球の丸さを感じよう

地球が丸いことは地上ではまず気づかないが、高さ10000mを飛行するジェット機からは地球の丸さも目で見てわかる。また、日の出入りのとき、太陽が大気の中を通ると、真っ赤で大きくつぶれた太陽を見ることができる。

1月／飛行機から／初日の出フライト。富士山のまわりが橙色に。

8月／飛行機から／雲から垂れ下がったすじ雲が、丹色に輝いた。不思議な光景だ。

Column

空の青と海の青。同じ青でも仕組みは違う

空の青と海の青は、よく比較されることがある。しかし空と海の青さの仕組みは、まったく異なる。空は青っぽい光が多く散らばっていて青く見えるが、海では他の色が水に吸収されてなくなっていき、青色だけの世界になっていく。

だから、青空の下ではいろいろな色が見えるのに対し、ちょっと深い海の中では青色しか見えなくなり、他の色は灰色や黒っぽく見える。

そして、上から見下ろす海が青いのは、海の水の中の青色によるものだが、遠くの海が青いのは、多くは空が水面に映っているためである。だから、曇った空のときは、遠くの海はほとんど青く見えない。

また、浅い海の場合は、海底の色が透けて見える。水の青さと海底の色が混じることになり、さまざまな色が見られる。沖縄のように遠浅の海では、浅い海の水色と海底のクリーム色の砂の色が混じり、エメラルドグリーンの色が現れる。

そして、飛行機に乗ったときに窓から見える海は、海と飛行機の間に空気がたくさん存在しているため、青い空の色を透かした青い海となっている。とはいえ海の上は水蒸気が多いため、少し白っぽく見えるだろう。上空にある空の方が、ずっと濃い青色である。

最後に、宇宙から見た地球は青く見えるという。表面の７割が海なので、その青さが多いが、飛行機から見たように、空の青さを通している。海と空が地球を青くしているというべきだろう。雲も少しあるので、実際は青白く見えるのではないか。

12月／沖縄県／沖縄のきれいな海中。撮影用に光を当てていないため、海中の色で、ほとんど青だけの世界である。

8月／岩手県／晴れた日に、遠くの海が青く見えるのは、空の青さが映りこんでいる効果だ。曇った日の海は灰色っぽくなる。

12月／沖縄県／浅い海は、海の水色と海底の砂の色が重なり、エメラルドグリーンに見える。

8月／飛行機から／飛行機から見た空と海。どちらが上かわからなくなりそうだが、雲がある方が下、つまり海である。海が少し白っぽいのは、水蒸気がたくさんあって、水滴も浮かんでいるからだろう。

第4章

月と星空の色

ある夜おそく
公園のベンチにもたれていると
うしろの木立に人声がした
「おくれたね」
「大いそぎでやろう」
カラカラと滑車の音がして
東から赤い月が昇り出した
「ＯＫ！」
そこで月は止った
それから歯車のゆるゆる
かみ合う音がして
月もゆっくり動きはじめた
自分は木立のほうへとんで出たが
白い砂利道の上には
只《ただ》の月の光が落ちて
きこえるものは樅《もみ》の梢《こずえ》をそよがす
夜風の音ばかりだった

――稲垣足穂『一千一秒物語』より
「月をあげる人」

夜空にきらめく様々な色彩

月の輝きは、太陽の光が当たって反射したものである。だから、月の光にも太陽と似たような虹色が入っている。そして、月の光もまた、太陽の光のように色が変わって見える。

地平線近くの月は、大気による散乱で橙色になっていて、高く昇っていくにつれ黄色、クリーム色、白色へと変わる。太陽のようにまぶしくないので、色の変化がわかりやすい。

月が高くて明るい夜は、昼間の青空と同じ理由で、空がほんのりと青く見え、月はやや青っぽく感じられることがある。

また、月の光がない夜には、満天の星空が見られる。明るい恒星は、その表面温度によって色が違う。

温度が高い星は青白く、温度が低い星は赤っぽい。太陽と同じ温度の星は黄色だ。そして、明るい恒星が低空で激しく瞬くときは、星の色も次々と変わって見える。惑星の場合は、面積があるので瞬かない。

夏の星空によく見える天の川は、望遠鏡で見たらたくさんの星の集まりだが、肉眼では淡く白っぽい光の帯である。

宇宙を思わせる濃紺

月夜

紺青《こんじよう》●

よく絵本などに出てくる夜の空は、どうして紺色なのだろうと疑問に思っていたが、月夜の空の色なのではないかと思う。

月が出ていない晴れた空は、本来は黒である。たまに空気が光っていて、わずかに緑色や赤茶色が見えることもあるが、それは滅多にない。

月夜の空が紺色なのは、太陽が当たっている昼間の空が青いのと似ている。空気中の分子によって、月から届く光の中でも青っぽい色が多く散乱し、空が濃い青色に見えるのである。ただし、満月でも太陽の40万分の1程度の明るさしかないため、暗闇に目が慣れても、空は何となく青っぽく見える程度だ。

冬は、満月が空高くまで昇る。雪が積もっている地方では、月の光が雪面に反射し、周囲がかなり明るくなる。月の光は太陽の反射なので、基本的に月の光の色は太陽の色に近いが、月の形や位置、大気の状態で、月夜の空の色は随分と変わる。色々な場面で、こうした月夜の風景を見比べると面白い。

観察のヒント

◉**見られる時** 季節を問わず、満月前後の夜

◉**見やすい場所** 山や海など暗い場所、街中でも

◉**観察ポイント** 月の高さや空の状態（透明度、雲など）で見え方が違う。

◉月と旧暦の行事

夏の盆踊りが大抵15日なのは、旧暦の十五夜（満月）の日の月明かりを利用していたからだ。旧暦の七夕は半月直前の月で、深夜に月が沈んだのち七夕の星と天の川が頭上に見える。月夜には、そうした昔の風情を味わいたい。

8月／茨城県／海の上、波の向こうから、やわらかな月の光が広がってきた。

2月／栃木県／月明かりでまわりの景色が見える。星空がほんのり青い。

11月／京都府／ライトアップされた紅葉があると、月と空は青っぽく見える。

1月／千葉県／月に照らされた水辺。月は生き物たちにも光を与えている。

日本ならではの赤い月

赤い月

赤橙

赤い月は1年の間に何度も見るチャンスがある。空を見上げる習慣がある人ならば一度は目にした経験があるであろう、興味深い現象だ。

赤い月を見るには、満月の前に夜明け前の西の空を探すか、満月の後に夜になった東の空に目を向けるとよい。

実は、海外のとても澄んだ空では、月があまり赤っぽくならない。水蒸気の多い日本の空だからこそ、この赤い月を見ることができる。赤い月といっても、橙や赤橙の色のことが多く、空がまだちょっと明るい時間帯には、青色と混じって紅色になって見えることもある。

月が空の低いところに浮かんでいるときには、人間の目の錯覚によって、月が大きいと感じやすい。また、月は地球のまわりをだ円軌道を描きながら回っているため、離れているときと近いときとで14%程度、大きさが変わる。1年の中でも最も大きな満月をスーパームーンなどという。目の錯覚ではなく、本当に大きな満月もあるのだ。

昔から日本人は、満月の翌日からも、十六夜《いざよい》、立待《たちま》ち月、居待《いま》ち月、寝待《ねま》ち月と、遅く昇る月を楽しんだ。満月を過ぎると、暗くなった空に赤い月が昇り、特にまだ丸い十六夜の出が美しい。

なお、ブルームーンという言葉もある。青く見える月をいうこともあったが、最近は、ひと月に満月が2回あるときの2回目の満月のことなどを指し、青い色とは関係がない。

観察のヒント

◉見られる時　晴れて空気が澄み、月が低空にある夜

◉見やすい場所　海辺や平野で見通しのよい場所

◉観察ポイント　あらかじめ月の出入りの時刻と方角を調べておくとよい。

◉「狐火」の正体は

夜、山中などの人気がない場所で火の明かりが連なって見える「狐火《きつねび》」という現象がある。原因はわかっていないが、月明かりで動物の目が光ることが一因ではないか。満月前後の夜は動物も行動しやすい。

1月／東京都／ビルの屋上から赤い月が出てきて、多くの人が驚いた。

1月／千葉県／手賀沼の上に赤い月が出て、静かな水面に映った。

7月／茨城県／天体望遠鏡で見た赤い月。月の上と下で色が少し違う。

1月／茨城県／欠けた赤い月が出た後、水平線上の雲も少し赤くなった。

雪結晶が夜空に作り出す黄金柱

月《げっ》光《こう》柱《ちゅう》（ムーンピラー）　蜜柑《みかん》色

　月光柱は、黄色や橙色の月の光が、月の上や下に１本の柱のように伸びて見える現象だ。目の錯覚なのか、本当に起きているのか、しばらく気になって見つめてしまう。月光柱は、別名で月柱ともいう。

　写真を見てわかるように、この現象が起こるときは、空が少しもやもやとしている。このとき、太陽柱のときと同じように、上空を平たい氷の結晶（雪結晶）が舞っている。その上下の平面で、月の光をキラキラと反射させている。月光柱の色は月の色と同じだ。

　月光柱は、月の高度が低いときは上の方に、高度が高いときは下の方にでき、うまくいけば上と下の両方に見える。冬の寒い地方では、月光柱は近くにはっきりと見える。ただし、月光柱は数分で消えてしまうことが多いので、見るチャンスは限られている。

　こうした月の現象は、明るさがないので、街中ではほとんど気がつかない。また、目では色がわかりにくいので、見える範囲が広い大きな双眼鏡があるとよい。

　さらに寒くなると、氷の結晶は小さくコロコロとした形になる。そうなると、キラキラと空を舞うダイヤモンドダストが見える。月夜のダイヤモンドダストは、とても幻想的だ。

観察のヒント

◉**見られる時**　低空の月に薄く雲がかかっているとき、冬など

◉**見やすい場所**　夜空（特に月が出ている方）が暗い場所

◉**観察ポイント**　上空にもやがかかり、雪が舞いそうな空でよく見える。

◉光柱という現象もある

光柱（ライトピラー）という現象を見たことはあるだろうか。街灯の明かりが空高く伸びたものだ。月と違い、天頂まで長く伸びて見えるのは壮観である。冬のスキー場などで、ナイターの時間に見えることがある。

3月／茨城県／海上の低空の月の上に、月光柱が伸びていた。

1月／茨城県／月の上下に見られた月光柱。とても珍しい。

7月／南極／月の周囲にダイヤモンドダストが（撮影用にフラッシュ使用）。

10月／南極／平たい雪の結晶は横向きで降り、上下の面で光を反射する。

水に映る幻想的な黄金色

月の道（ムーンロード）

金赤《きんあか》

　月の道とは、水面に映った月が細長く伸びている現象である。海でも湖沼でも見られる。道の色は、月の状態によって違う。赤い月は赤い色の道、黄色い月やクリーム色の月も同様に、月そのものと同じ色になる。

　面白いのは、月が昇ってくるにつれて光の道が伸び、見ているこちらに近づいてくることである。まるで月が道を作っているようだ。ある高さにまで月が昇ると、光の道は最大に伸びる。しかし、その後は、月の光の道が途中から切れてしまい、手前の方に月の光の塊だけが、月がそのまま反射したかのように見えるようになる。波のない鏡のような水面だと月の形がわかり、多少の波があると、光が揺らめいている様子が風流である。

観察のヒント

◉見られる時 晴れていて月が低空にあるとき、通年

◉見やすい場所 海岸や湖沼の畔など

◉観察ポイント 月の出入りと方角を調べ、水辺で風がない（弱い）晴れた夜に見る

◉星の道を見てみよう

光の道が太陽や月でできるのだから、他の明るい天体でもできないかと確かめた。金星ははっきり見え、次に明るい木星でもわかった。そして、一等星も細い線となってかすかに映って見えた。大流星が映ったこともある。

1月／千葉県／手賀沼に、月が昇るとともに、黄色の月の道が伸びてきた。

10月／徳島県／橙色の月の道が、遠くの海から手前の岸壁まで伸びてきた。

1月／千葉県／「海ほたる」から見た東京湾に映った月の道は波で広がった。

8月／茨城県／金星も明るいので海に映る。金星らしく光の道が金色に見えた。

虹色に瞬く星の光

星の瞬き

虹色

低い空で瞬いている明るい星を眺めているとき、色が変化していることに気がつき、驚いたことがある。

星がキラキラと明るさを変えることは、よく知られている。しかし、明るい星は色までも変わっているということを知っている人は少ない。星の色は瞬間的に、青や黄、橙など様々な色に変化する。

星の色が変化するのは、星の「瞬き」が原因だ。星が瞬くのは、星自体が明るくなったり暗くなったりしているからではない。地球の空気が動くためである。実際に、宇宙ステーションから見た星は瞬かない。特に日本の上空には偏西風が流れ、激しい流れのジェット気流がしばしば通過する。冬の日本付近のジェット気流は、世界一強いことで有名だ。こうした風が吹くところは、気温や気圧の変化が激しく、空気に密度差が生まれ、光が曲がりやすい。そして、曲がるときに光はプリズムのように色分かれし、地上に届く。そのため、星が瞬く夜に、明るい星が様々な色に変化して輝くのである。

また、寒い地方でも星が瞬きやすい。それは地面付近に冷たい空気がたまるからである。内陸地方で夜に冷えていくと星の瞬きが大きくなり、色がついて見える。

なお、惑星は面積があるので瞬かない。そのため、金星の輝きは異様に感じられ、UFOと間違えられることがある。

観察のヒント

◉見られる時　上空の風が強い秋から冬など

◉見やすい場所　低空の明るい星が見える場所

◉観察ポイント　低空の明るい星は瞬き、色も少し変わっている。惑星は瞬かない。

◉星が瞬くのは空気のせい

宇宙の星は瞬かない。空気がないからである。瞬かないということは、鮮明に見えるということで、ハッブル宇宙望遠鏡は宇宙空間ですばらしい写真をたくさん撮影した。ジェット機から見る星もあまり瞬かない。

9月／栃木県／東の空に、「すばる」がキラキラと瞬きながら昇ってきた。

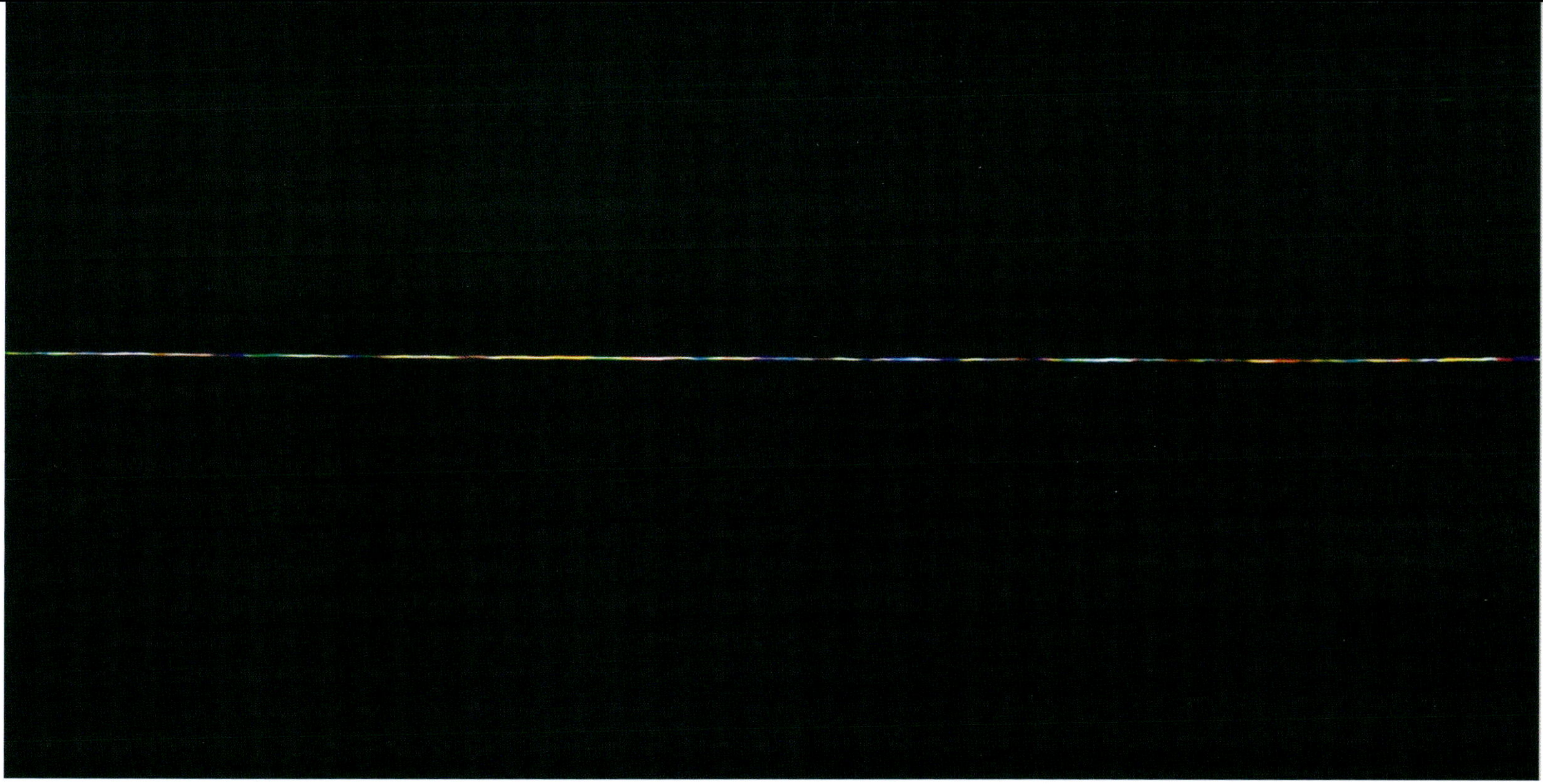

9月／栃木県／約2秒間カメラを動かすと、たくさんの色になって星が瞬いていた。

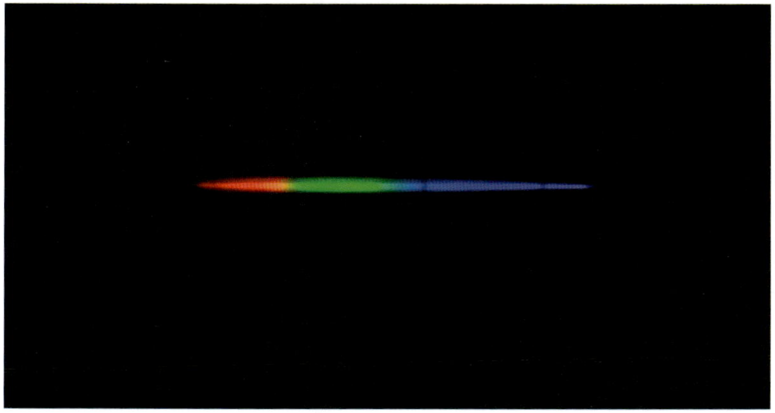

12月／栃木県／最も明るい恒星「シリウス」をプリズムに通した色。

12月／モンゴル／低空の明るい星が、瞬いて色が変わる。

地球の大気を映して色づく月食

皆既月食

赤銅色

皆既月食の色は、数年に一度程度体験できる、夜空に見られる不思議な色である。赤くてきれいだという人もいれば、気味が悪いと感じる人もいるだろう。この色は、皆既月食ごとに少し違う。そもそも皆既月食とは、地球の影に満月全体が入る現象である。月と地球の距離から計算すると、皆既月食のときには、月の直径の3倍の大きさの分だけ、地球の影ができる。そこに満月が入っていくと、だんだんと欠けていく。月が地球の影にすっぽり入ると、輝きの弱い赤銅色の丸い月が、星空にぽつんと浮かんでいるのが見える。

この赤い色は太陽の光ではなく、地球の大気の赤い輝きが月に届いたものである。地球の大気の赤さは、夕焼けのときと同じ仕組みで、散乱によって青っぽい色がなくなったためであるが、夕焼けの色が場所や季節で異なるように、地球から届く色も毎回変化する。火山噴火の後、地球の大気が濁ったために、皆既月食中の満月がほとんど見えなくなったこともある。

もし、皆既月食中の月面から地球を見たら、太陽を隠した地球のまわりの大気が、赤いリング状になって輝いていることだろう。まだ誰も見たことのないその光景は、とても興味をそそられる。皆既月食中の月の色は、肉眼ではなく、できれば双眼鏡や小さな望遠鏡で見ることをお薦めする。写真よりも色がはっきりとわかり、欠け際には、緑色や赤紫色などが見えることがあって、とても神秘的だ。

6月／沖縄県／満月が地球の影に入って欠けていく。

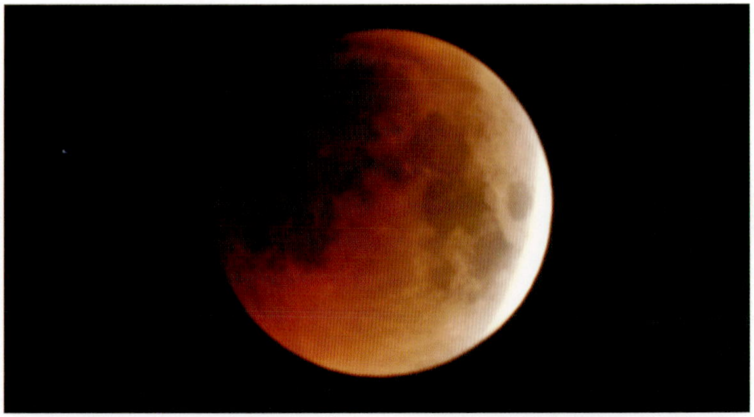

6月／沖縄県／皆既月食になる直前。白黄色、黄色、橙色と暗くなっている。

12月／茨城県／皆既月食中の色。肉眼ではもう少し暗く感じられ、赤銅色のことが多い。

観察のヒント

◉見られる時 皆既月食の起こる日時を調べる

◉見やすい場所 皆既月食の見える場所を調べる

◉観察ポイント 天気を調べ、欠けるところから観察する。双眼鏡があるといい。

◉月は地球の分身

月は地球という惑星のまわりを回る衛星だ。かつて地球に火星程度の天体が衝突し、飛び散った岩石が集まって月ができたようだ。だから地球と同じ岩石で、地球にいつも同じ面を向けている。約29.5日で満ち欠けする。

これから皆既月食が日本で見られる日

2014年10月8日
2015年 4月4日
2018年1月31日
2018年7月28日

（国立天文台の資料より）

街が生んだレモン色の空

街の夜空

レモン色

夜、星や月の明かりよりも、人工的な光の目立つところが多くなった。

これまでは自然の空の色を扱ってきたが、ここでは都市の夜の光を取り入れたい。多くの人が住んでいるところでは、街明かりが多く、自然には存在しない独特な色合いが、夜の光景を作っている。

日本の街灯には、水銀灯や蛍光灯が多い。水銀灯は緑、黄、青などの色が強く出る。蛍光灯も緑、橙、青など特定の色の光が強く出て、そのほかの色や赤色は少ない特徴がある。人間の目は、緑が強いと相対的に「明るい」と感じるため、そうした色になっているのだろう。最近普及してきている白色LEDは、もっとなめらかにいろいろな色が入っているが、青色が強い傾向にある。

そうした街の光が夜空を照らしているので、雲は薄く緑がかった黄色に見える。本来、夜には見えないはずの色だ。富士山から見た関東平野の夜の空は、そうした色に染まっている。

海外ではナトリウム灯が多く、さらに夜の色彩が橙色に偏っていることがある。

生活に便利になるように人間が作った夜の光であるが、太陽や月といった自然と同じような、優しい色合いがないのが残念である。

観察のヒント

◉**見られる時** 晴れた夜、乾燥した日がよい

◉**見やすい場所** 夜景や空を見渡せる場所

◉**観察ポイント** 手前が暗くて、遠くまで見渡せる、ビルの屋上や山や海辺がよい。

◉夜景と共に空の色も

神戸や函館など、夜景の名所の展望台では夜の空がよく見える。安全なよいスポットである。東日本大震災後は、ネオンを自粛し、夜景の明るさがかなり減った。雲や星と一緒に見るにはよいだろう。

9月／東京都／夜景に照らされた低い雲がよく見える。

9月／静岡県／富士山5合目から見た東京方面の夜景。夜中じゅう、雲が黄色っぽく輝いている。

8月／千葉県／東京湾「海ほたる」から見た東京方面。雲がはっきりわかる。

5月／千葉県／東京湾の向こうに見える街明かりは緑色が混じった黄色だ。

表面温度で異なる星の色

星の光

白

星に色がついていることは知っていても、実際に、どれだけ星の色を見たことがあるだろうか。人間の目では、一等星の色はわかるが、それより暗いと識別できず白に見えてしまう。しかし、双眼鏡や望遠鏡を使うと、暗い星も色がわかるようになる。

星は、表面の温度によって色が決まっている。青い星は10000度以上、青白い星は7500〜10000度、白い星は6000〜7500度、太陽のような黄色い星は5300〜6000度、橙色の星は4000〜5300度、赤い星は4000度以下となっている（単位は絶対温度、国立天文台のサイトより）。

太陽は、表面温度が絶対温度で約5800度の黄色い星なので、黄色を中心とした色を出していて、それが可視光線という虹色を作っている。つまり、黄色い太陽の惑星である地球では、この太陽の光に合うように生物が進化し、その光を見る目を持っている。もし他の恒星の惑星に生物がいたとすると、地球とは違う色を見て、違う光を利用していることだろう。赤い星からは赤外線が多く出て、青い星からは紫外線がたくさん出ている。これらの星に生物が存在したら、生き物の構造はかなり違っているだろう。こうして星の光の色を見ることで、普段は気づかない視点で、地球の光環境を考えるようになる。

観察のヒント

◉見られる時　よく晴れた、月明かりのない夜
◉見やすい場所　まわりが暗い山や高原、海辺など
◉観察ポイント　天の川を見たい場合は、都市からかなり離れること。

◉星座観察は冬と夏に

星空は、季節によって見える星座が違い、冬と夏に明るい星が多い。天体望遠鏡があれば何倍も楽しくなるだろう。星には寿命があり、輝き方も色も個性がある。太陽の寿命は約100億年で、あと半分である。

3月／山梨県／さそり座・いて座の方向。青白・黄色・橙色などの星がある。

2月／モンゴル／日本では考えられないほどの星の数。様々な星の色がある。

左／8月／茨城県／水平線から昇るオリオン座。左側は赤みがかったベテルギウス。
右／5月／静岡県／星の日周運動を撮影すると色がわかりやすい。

夜空に白く輝く巨大な帯

天の川・黄道光

白

空気が澄んでいて真っ暗な場所では、宇宙の様々な光が見えて面白い。

天の川を見ようとすると、都会から100km以上離れた場所に行く必要がある。また、空気が濁っていても、雲があっても見えない。そして、月明かりのなるべくない日がよい。そうした条件をクリアしたとき、天の川がもくもくと伸びているのが見える。まるで雲かと見紛《みまが》うほどだ。目が慣れてくると「暗黒星雲」（宇宙空間のガスやチリが背後の光を遮ってしまう現象）によって、天の川がところどころで切れていることもわかる。色は白っぽく、英語では天の川をミルキーウェイという。

以前撮影で訪れたモンゴルでは、星空が南極と同じくらいによく見えた。空気が乾燥し、排気ガスなどのチリもなく、人間生活による光も見られないからである。日が暮れて、薄明の時間がだんだん終わりになってくると、天の川が天空を横切るように伸びた。そして、西側の空には、太陽の方に向かって舌の形に「黄道光《こうどうこう》」が鮮やかに輝いていた。黄道光は、太陽系内に浮かんでいるたくさんのチリが、太陽光を反射して見えるものである。肉眼では白っぽく見える。

夜空では、この他にも人工衛星が頻繁に走り、流星が次々と流れていく。じっくりと観察すると、肉眼でも星雲や星団の存在を見ることができる。地球は宇宙とつながっているのだと実感する。

観察のヒント

◉見られる時　天の川は夏中心、黄道光は春秋など

◉見やすい場所　月明かりのない真っ暗な場所

◉観察ポイント　天の川が見える暗い場所は少ない。黄道光は春の宵、秋の夜明けによく見られる。

◉天の川とは何？

天の川は、銀河系の星々や星雲を内側から見ている状態だ。いて座・さそり座が中心方向なので、その付近の天の川が明るい。南半球に行ったら、天の川の中に南十字星が輝いている。天の川は望遠鏡で見ると星の集まりだ。

7月／静岡県／このような天の川が見られる場所は少なくなってきた。

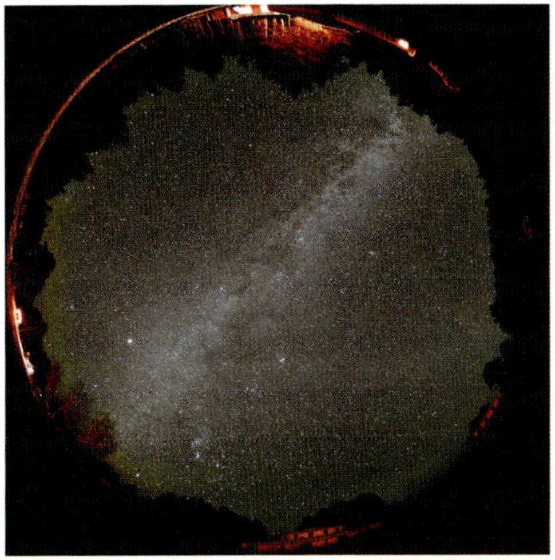

2月／モンゴル／薄明の中、右は天の川、左は黄道光。まるで宇宙を見ているようだ。

左／2月／モンゴル／薄明が終わると、黄道光がはっきり見えた。右／12月／モンゴル／空を横切る天の川。魚眼レンズで空全体を撮影。

大流星が作る鮮やかな色

流星

緑

空に大きな流星が流れると、驚くような美しい色が見られる。

普通の流星は小さくて流れる時間も短いので、色がわかりにくい。ところが、まれに空に巨大な流星が現れることがある。普通の流星は地上から80〜120kmの高さで発光するが、ときには火《か》球《きゅう》といって、30km程度の高さまで降りてくるものもある。火球は、色がついたやや面積のある光の塊で、何度か爆発するように輝くことがある。さらに燃え尽きないくらいに大きなものは、日本列島にも10年に一度程度、隕石となって落下している。流星は、彗星の残した1cm以内のチリだが、火球や隕石は、小惑星のかけらであることが多いといわれる。

大きな流星や火球は、緑色や橙色などのことが多い。これはオーロラの色に似ていて、流星や火球が通過したところの空気が光っているためとも考えられる。爆発するようなときは本体の成分の色も混じっているだろう。金星や月と同じくらい明るい大火球は、出合うとかなり驚くが、落ち着いてじっくりと色や動きを観察したい。もし隕石が落ちてきたら、貴重な宇宙からのサンプルなので、触らず、冷えたところでビニール袋等に入れて、専門家の研究に役立ててもらうのがよい。

観察のヒント

◉見られる時 月明かりのない夏か、流星群の日

◉見やすい場所 空が澄んで暗い山、高原や海辺

◉観察ポイント 流星が出る時刻や場所はわからない。空を広く見渡して探す。

◉一度は見たい流星雨

「流星《りゅうせい》雨《う》」は一度に大量の流星が見られる現象で、一生に一度程度見られる。2001年のしし座流星群の流星雨は1時間に3000個を数え、さらに明るい流星が同時に何個も出て驚いた。流星雨は、彗星の接近で急に出ることもある。

5月／茨城県／海の上に大きな流星が流れた。本体は橙色で、尾が緑色である。

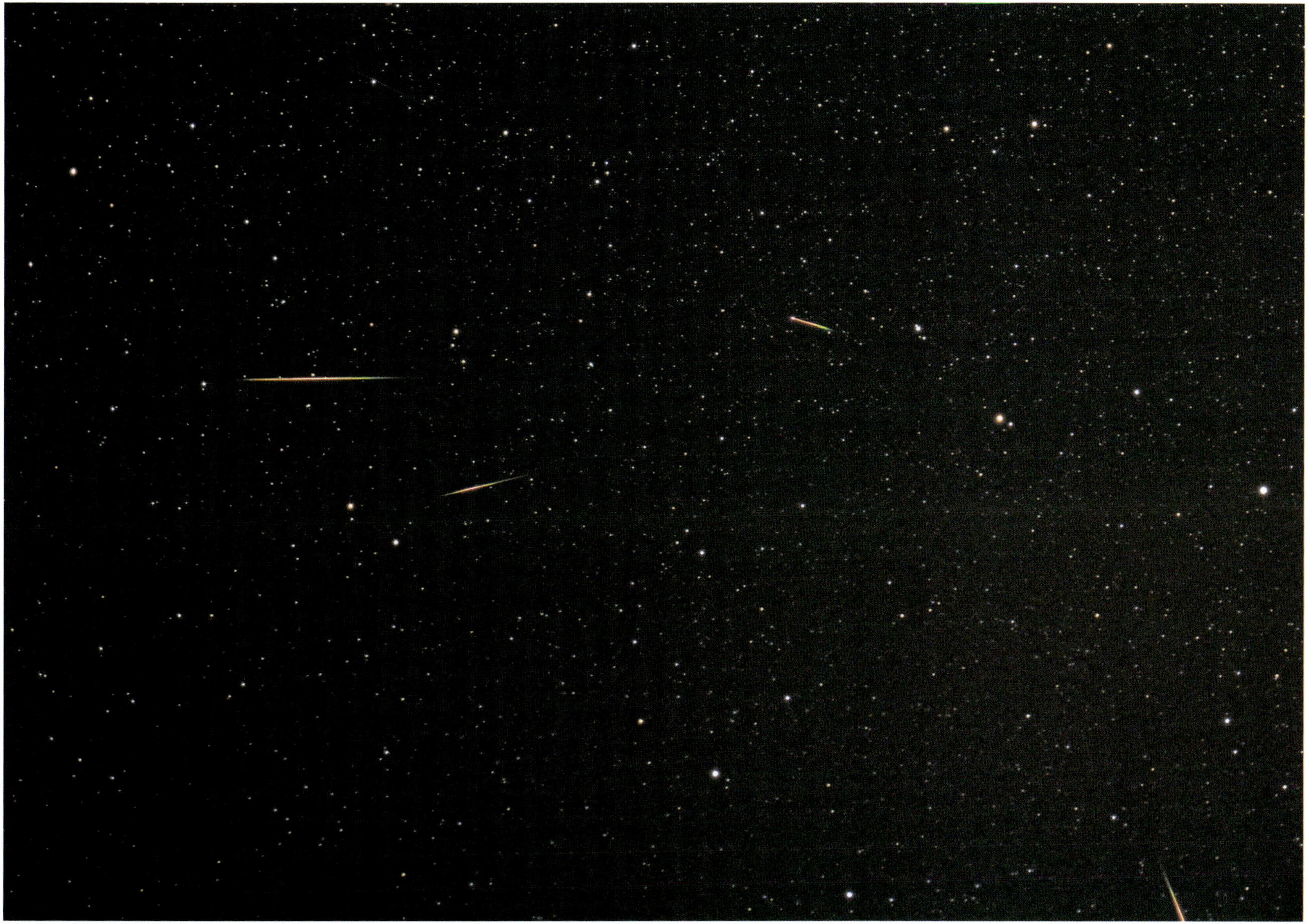

11月／茨城県／2001年、しし座を中心に放射状に、明るい流星が次々と流れた。

Column

花粉の空、黄砂の空、大気汚染の空

ここでは、異様な空の色を紹介したい。望ましくない事態だが、最近こうした空の状態が増えてきている。

まず、春先の花粉である。手入れしていないスギ林から大量のスギ花粉が飛散する。青空は白っぽくなり、遠くの景色がよく見えない。だが、あまり高い空まで達していないので、地域的な濃度の違いが大きい。花粉のシーズンは「花粉光環」という不思議な現象が見られる。花粉により、太陽のまわりに虹色の輪が見える現象だ。花粉はひとつひとつが同じ大きさなので、太陽の光が回折によって色分かれして見える。

次に、黄砂である。以前は春に多かったが、最近は１年中黄砂が飛んでくる可能性がある。大陸から飛来するので、西日本に多いが、時に北海道まで届くことがある。空が黄土色になるので、すぐに黄砂だとわかる。黄砂が飛散しだすと、空の青色はなくなっていき、太陽の輝きも弱くなる。黄砂といっても、日本に飛んでくるのは砂ではなくごく小さい泥の塊のようなものである。

そして最近増加が心配されるのが、PM2.5などの大気汚染物質である。これも大陸からやってきて日本の空を汚している。PM2.5が飛ぶと青い空が薄く灰色がかってくる。健康にも悪いので、注意を呼びかけることもある。飛行機に乗り上空から見ると、うす紫色の汚れた空気が高い空を帯状に流れているのがわかる。

3月／千葉県／花粉がたくさん飛んでいるときの夕日。太陽のまわりが丸く明るく、やや色が付いて見える。雲による光環と似ている。

上／1月／東京都／黄砂がやってくると、空の色が独特な薄い黄土色になる。低空ほど色が濃い。そして、洗濯物や手すりなどが汚れる。

左／6月／山梨県／遠くにPM2.5などの大気汚染の帯が見えることがある。
右／4月／東京都／春霞の正体は、水滴以外にも、花粉・PM2.5・黄砂などいろいろだ。

3月／鳥取県／日本海のきれいな夕日が見えそうな海岸だが、PM2.5が大量にやってくると、青空が消え、薄い灰色になっていく。

11月／千葉県／黄砂がたくさんやってきたとき、夕方の太陽は輝きがなくなり、空は黄土色になっていく。風や雨で流されていくのを待つしかない。

第5章
大気が作る色

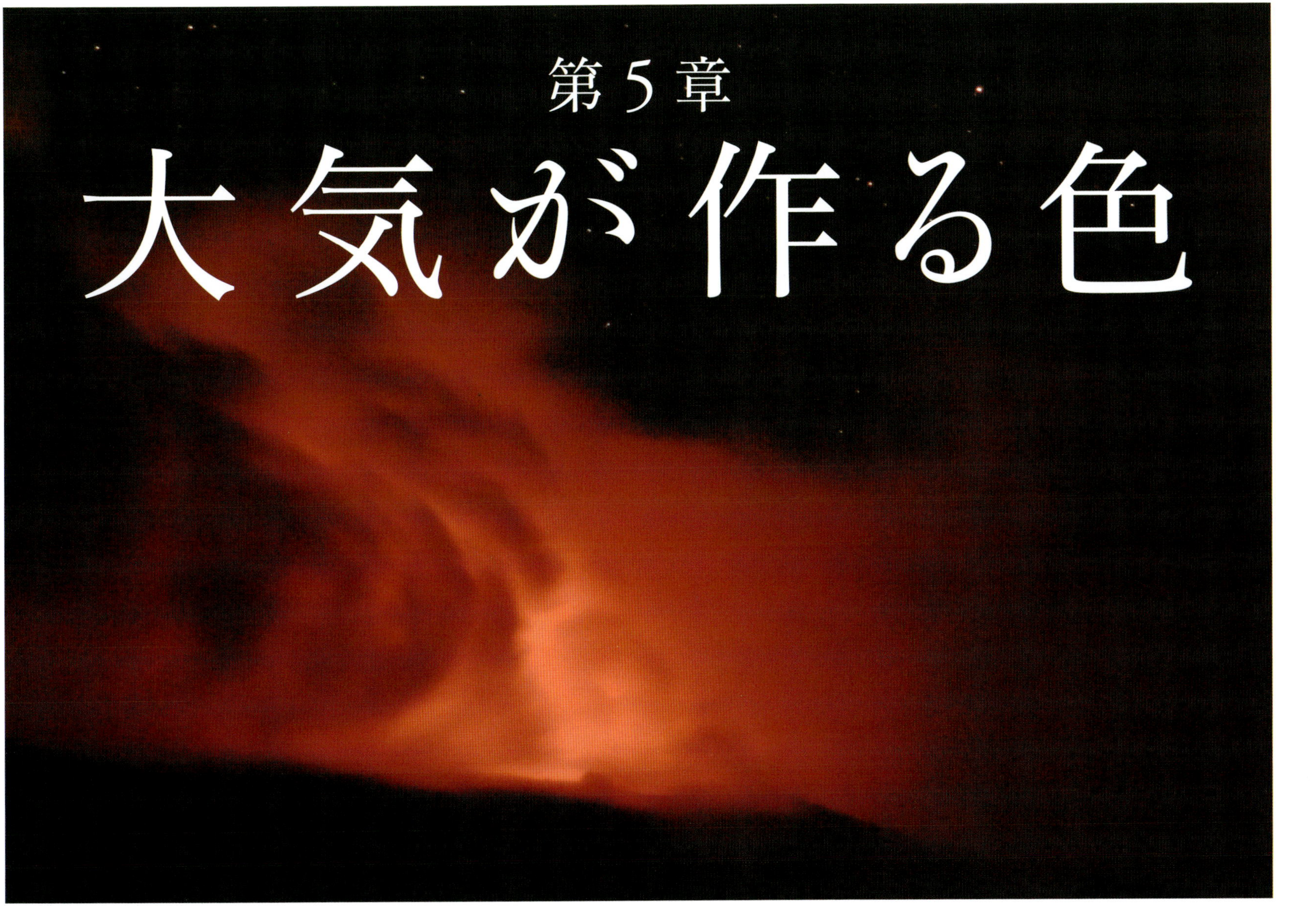

稲妻の
かきまぜて行く
闇夜かな
——向井去来

空気中の分子によって色が変わる

数少ないが、地球の大気の中で生まれる光がある。たとえば、雷、オーロラ、大気光、そして火山噴火時の火映現象などである。これらの光は、太陽の光とは発光の仕組みが違うため、色合いが異なる。地上近くの空気（窒素など）が発光する雷は紫色、上空の空気（酸素など）が発光するオーロラは緑色や赤色などである。夜間の大気光は上空の空気（酸素や水酸基など）が関係し、緑色や赤色が見られる。そして、火映現象はマグマの熱が雲やもやに当たり、赤色となる。

月明かりのない夜は、星の輝きしかないように思われるが、通常は星明かりという中にも「大気光」が混じっている。とはいえ最近は、街灯などの都市の夜の光が増え、淡い大気光がだんだんわかりにくくなってきた。また、オーロラは北極・南極の周辺でないと、普通見られない。火映現象は、日本では10年に1度程度起こる活発な噴火のときにだけ見られる。このように、大気の発光色は、雷以外はなかなか見るのが難しい。

雷が染める空は紫色

雷光

紅紫

夜空に一瞬だけ輝く雷の光は、普段は空であまり見ることのない「紫」が強い。急な光と激しい音だけでなく、この不思議な色が、より恐怖心をもたらしているのかもしれない。

雷は、空気中を電気が流れる現象である。電子が激しく空気にぶつかって、空気を急激に熱くし、光が出るとともに、膨張した空気からは音が伝わる。

空気中には、窒素分子が78％と多く存在し、その窒素分子が出す色が、紫を主体とした色になる。青っぽく感じることもあれば、赤紫色のこともある。また、朝日や夕日が赤っぽくなるように、遠くの雷の光は、青っぽい色が少なくなって黄色や橙色が強くなる。

雷は、雲の中、雲と雲との間、雲と地面の間で起こるが、一番多くの電流が流れるのが雲と地面との間だ。そのときの稲妻が最も明るく、周囲を強烈に照らす光は不気味だ。

雷の光は一瞬でやってくるが、音は、雷が起きている地点が遠ければ遠いほど遅れてやってくる。また、距離が15kmを超えると音が聞こえず、光だけがやってくる。光が弱いと、人間の目には白っぽく見えるようになる。

こうした、太陽が作ったものでない色は、独特な色の光なので、人間の目には異様に映る。雷にまつわる様々な伝説が生まれたのも、そのせいだろう。

観察のヒント

◉**見られる時** 春夏の夕方に多い、日本海側は冬

◉**見やすい場所** 安全な建物などの中から

◉**観察ポイント** 発達した積乱雲がやってくるのを確認して、待ち構えるのがよい。

◉恵みをもたらす稲妻

稲妻という言葉の元は「稲のつま（夫）」で、稲光《いなびかり》ともいい、昔の日本では雷の光が稲を実らせると考えられていた。雷雨時の降水も田んぼには大事である。雷は火事を起こしたりもするが、雷様と呼ぶこともあった。

5月／栃木県／同時に3本の落雷があった。

5月／栃木県／山から遠くの落雷を撮影。枝分かれしている。

8月／千葉県／雷で空が一瞬光るとき、光の色は紫色が強い。

5月／栃木県／空を走る稲妻によって雲や雨も輝く。

夜の空気の発光を見てみよう

大気光

暗緑色●

雲が全くない星空のとき、空自体が緑色や赤茶色に淡く光っていることがある。日本でも山や海など暗いところで見える。よく見える日は、星空の観察をしていても、不思議な感じがして、気分が悪くなるときすらある。

空気は、昼間に太陽からの紫外線を受けて、原子の中にエネルギーが蓄えられ、夜になってそのエネルギーを光として放出する。このときに出現するのが大気光だ。そして、明るくなると目でも見えるようになる。

真っ暗な山中や海辺で、月明かりがない夜に空がぼんやりと光っていたら、それが大気光である。オーロラと似ているが、オーロラに比べて動きもほとんどなく、明るさも弱い。

ただ、街中の夜の街灯は緑色が強く、その明かりが空に映ってしまい、大気光と間違えられやすい。目で見て、大気光の色がよくわからないときは、写真に撮ってみると色がよくわかる。

南極観測隊に参加した際、周囲が真っ暗な南極では、大気光に大きな縞状の模様ができて、ゆっくり移動していた。オーロラの出始めと間違えてしまいそうだが、空全体に広がるように出ており、大気光だとわかった。また、地平線に近い低い空ほど明るく見えた。

星空の観察や撮影には、雲や街明かりだけでなく、大気光なども影響する。そして、この現象は、いつどのように発光するのか、よくわからないことが多い。

観察のヒント

◉見られる時 月明かりのない夜、まれに起きる

◉見やすい場所 山や海など真っ暗な場所

◉観察ポイント 星空の背景が黒ではないと感じたら大気光。目が慣れると色がわかる。

◉大気光の色は分子で変わる

地球の大気は、地表から80km程度までは窒素分子78%、酸素分子21%、アルゴン1%で、二酸化炭素は0.04%である。その上は、酸素原子が多くなり、粒子の種類や高さによって発光する色が変わる。

11月／栃木県／北の空が赤茶色に。日本で見える赤いオーロラに似ている。

10月／栃木県／街明かりに近い色であるが、山奥の方の空も緑色なので、大気光である。

4月／南極／南極では、月明かりやオーロラが出ていないとき、大気光がよくわかる。

2月／モンゴル／月明かりがないのに、星明かりと大気光で遠くの山が見える。

宇宙からの粒子がぶつかってできる色

オーロラ

緑

空に見られる最も美しく不思議な現象は、オーロラであろう。オーロラは明るいほど、色も鮮やかである。

オーロラは、太陽風からやってきた粒子が地球の空気にぶつかり、空気が発光する現象である。高さ100kmから300kmを中心として輝き、100〜200km付近の緑色（緑白色）、200〜300km付近の赤色（暗赤色）がよく見られる。また、100kmより少し下に、ピンク色のオーロラが見られることもあり、もっと高い空が赤くなることもある。

北極や南極の周囲に、オーロラが輝く地域があり、ドーナッツ状に分布しているので、そこをオーロラ帯（オーロラ・ベルト）という。オーロラ帯の下では、オーロラがよく見られる。カナダ北部、アラスカ、北欧などが有名である。南極では、昭和基地がオーロラ帯に属する。

オーロラは、最初はカーテン状に、ゆっくりと空に広がってくる。緑色が濃くなると、その上の赤色も次第に観察できるようになる。また、透明な空気が光っているので、緑色と赤色が重なると、黄色や橙色などにも見える。

オーロラはとても大きい。通常動きはゆっくりだが、太陽風（太陽からやってくるプラズマの流れ）が強くなると、よく動くようになる。さらに、激しい太陽活動の影響が地球に伝わると、オーロラ爆発（ブレイクアップ）が起こり、空に大きく広がって明るく輝く。

観察のヒント

◉**見られる季節** 太陽活動によるが、深夜に多い

◉**見やすい場所** 北極・南極の周囲の限られた場所

◉**観察ポイント** 白夜とその前後を除いて、寒い冬の期間にオーロラが出やすい。

◉日本でも見られるオーロラ

日本書紀には「赤《せつ》気《き》」という記述があり、これはオーロラのことだといわれている。日本で北の空が赤く光る低緯度オーロラは、北海道を始め、各地で観測されている。筆者は茨城県で撮影したことがある。

9月／カナダ／ある時刻になると、カーテンのような光が空に広がってくる。

9月／南極／オーロラ帯にある南極・昭和基地では、南の空からオーロラの輝きがやってくる。

オーロラの様々な色を楽しむ

緑・赤・ピンク・青のオーロラ

赤紫・青

オーロラの色は、通常は緑色であり、他の色はあまり見えないことが多い。

だが、様々な条件により、緑色以外のオーロラも観察することができる。たとえば、高い空までオーロラが伸びたときに、赤いオーロラを見られることが多い。赤いオーロラは、最初は黒っぽく見えるが、目をこらすうちにだんだん濃い赤色に気づくことができるだろう。

ピンク色のオーロラは、オーロラの活動の激しいときに現れ、長くは続かないが美しい。明るく鮮やかなピンク色が、ときどきオーロラのカーテン状の下側に現れ、驚かされる。

また、オーロラの色は夜が明けてくる頃にも変わっていく。上の方が青や紫色になることがあり、緑や赤のイメージとは違う色なので、不思議な感じだ。これは、日の出前に高い空に太陽の光が当たり、徐々に紺色になっていく空の色も影響している。青や紫のオーロラは、夕暮れどきに見えることもある。

実は、日本でもオーロラが見えることはあまり知られていない。北海道を始め、本州の一部でも見ることができる。ただ「低緯度オーロラ」といって、北の地平線上の空がぼんやりと赤っぽくなるだけで、模様はない。数十年に1度程度しか目にするチャンスがない珍しい現象である。

オーロラは色だけでなく、動きが面白い。ぜひ一度自分の目で見に行ってみてほしい。

観察のヒント

◉**見られる時** 太陽活動が活発だと色が出やすい

◉**見やすい場所** 北極・南極の周囲の限られた場所

◉**観察ポイント** 明るく動きのあるオーロラが色づく。薄明の色と重なって紫色も。

◉オーロラの由来は暁の女神

オーロラは、ローマ神話の暁の女神 Aurora に由来し、よいことが起こる兆しという一方、赤色は血の色で不吉な前触れとも考えられた。その後の観測で、太陽風の粒子が地球の大気に衝突して発光する現象だとわかった。

5月／南極／緑色（緑白色）だけのオーロラが、向こうからやってきた。

9月／カナダ／緑色の上の赤っぽい色。明るくなると、赤紫色に感じられた。

9月／カナダ／珍しい赤っぽい色だけのオーロラ。オーロラ全体が高い位置にある。

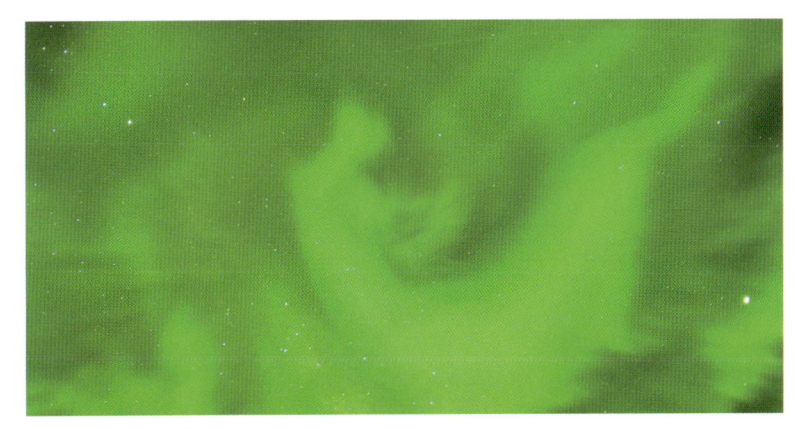

6月／南極／真上から空全体に広がった緑色のオーロラ。

5月／南極／非常に明るいオーロラ。
下端にピンク色の輝きが見られた。

5月／南極／オーロラの動きが激しくなると、
突然ピンク色の輝きが一部に見られた。

9月／カナダ／縦に伸び、下から緑、黄、赤、赤紫、青紫色になったオーロラ。

9月／カナダ／夜明けが始まった頃、青色や紫色のオーロラが見られた。

10月／茨城県／私が本州で初めて撮影したオーロラは、北の低い空が少し赤い。

空を赤く染めるマグマの熱

火映現象

赤橙

夜に、火山の上の空が赤っぽくなることがあり、それは異様な光景である。光は揺れ動き、怖さを覚える。

この火映現象を見たことのある人は少ないだろう。まさに溶岩が噴出している火山の上に、もや雲などがかかっていると、見ることができる。日本では10年に一度見られる程度の、珍しい現象である。1986年の伊豆大島三原山噴火のときは、海上から見た島の上が赤かった。かつて江戸時代に富士山が噴火したときも、山頂付近に火映現象が起きたという記録がある。

ちなみに、ハワイ島のキラウエア火山はいつもどこかで溶岩を噴出しているので、その近くで火映現象が見られる。ただし、溶岩流出の位置は変化するので、夜に近づくのは危険である。本書に掲載している写真は、望遠レンズを使って、危険のない場所から撮影している。

火映現象は、今まさに噴火している火山の場所を教えてくれ、近づくのは危険だという合図にもなっている。噴火口から出てくるマグマの温度は1000度を超える。火山の噴火は、人間の力など及ばない地球の大きなエネルギーを垣間見られる瞬間である。ハワイや伊豆大島など、火山噴火が頻繁に起きる場所では、火山には神様が住んでいると伝承され、住民は火山と共存して生活してきた。日本には世界の1割の活火山が存在している。

観察のヒント

◉**見られる時** 夜間に火山が噴火しているとき

◉**見やすい場所** 火山からやや離れた場所

◉**観察ポイント** マグマや溶岩の熱で、その上にある雲などが揺れながら赤く光る。

◉三原山の御神火

伊豆大島の三原山では、火山噴火で見える赤い火を御神火という。火口に溶岩がたまったときは、夜に島の上が赤く光るのが、海上の船からも見えた。三原山は30数年ごとに噴火を繰り返し、最近は1986年に噴火した。

9月／群馬県／浅間山噴火の際、火口に出てきたマグマの熱で、雲が光った。

3月／ハワイ／流れ下る溶岩流の熱で、もやや雲が赤っぽく光った。

わたしたちは、
氷砂糖をほしいくらゐ
もたないでも、
きれいにすきとほつた風をたべ、
桃いろのうつくしい朝の日光を
のむことができます。

——宮澤賢治
『注文の多い料理店』序より

著者略歴

武田康男（たけだ・やすお）

1960年生まれ。気象予報士。日本気象学会会員。日本自然科学写真協会会員。東北大学理学部地球物理学科を卒業後、高校教諭（地学）、第50次日本南極地域観測隊（越冬隊）を経て、現在日本教育大学院大学客員教授、武蔵野大学非常勤講師、放送大学非常勤講師などを務める。気象写真の撮影は約30年に及び、空の探検家として、国内外で撮影した空の写真や映像で多くのファンを魅了し続けている。主な著書に『雲の名前、空のふしぎ』（PHP研究所）、『楽しい気象観察図鑑』『世界一空が美しい大陸 南極の図鑑』『すごい空の見つけかた』『すごい空の見つけかた2』（以上、草思社）、『デジタルカメラによる空の写真の撮り方』（誠文堂新光社）、『自分で天気を予報できる本』（中経出版）などがあり、監修書も多数。

参考文献

『対訳 ブレイク詩集』ウィリアム・ブレイク著／松島正一 編（岩波書店）

『みだれ髪』与謝野晶子著（新潮社）

『一千一秒物語』稲垣足穂 著（新潮社）

『宮澤賢治全集 8』宮澤賢治著（筑摩書房）

『新版 色の手帖』永田泰弘監修（小学館）

不思議で美しい「空の色彩」図鑑

2014年8月5日　第1版 第1刷発行

著　者　武田康男

発行者　小林成彦

発行所　株式会社PHP研究所

東京本部　〒102-8331　東京都千代田区一番町21

生活教養出版部　☎03-3239-6227（編集）

普及一部　☎03-3239-6233（販売）

京都本部　〒601-8411 京都府京都市南区西九条北ノ内町11

PHP INTERFACE　http://www.php.co.jp/

印刷・製本所　図書印刷株式会社

ISBN978-4-569-81933-4